火龙果

种质资源图鉴

孙清明　谢玉明　李俊成　张云雪　戴宏芬　著

SPM 南方出版传媒
广东科技出版社｜全国优秀出版社
·广　州·

图书在版编目（CIP）数据

火龙果种质资源图鉴 / 孙清明等著. —广州：广东科技出版社，2021.12
ISBN 978-7-5359-7769-4

Ⅰ. ①火…　Ⅱ. ①孙…　Ⅲ. ①热带及亚热带果—种质资源　Ⅳ. ① S667.902.4

中国版本图书馆 CIP 数据核字（2021）第 230047 号

火龙果种质资源图鉴
Huolongguo Zhongzhi Ziyuan Tujian

出 版 人：严奉强
责任编辑：区燕宜　于　焦
封面设计：柳国雄
责任校对：李云柯　廖婷婷
责任印制：彭海波
出版发行：广东科技出版社
（广州市环市东路水荫路 11 号　邮政编码：510075）
销售热线：020-37607413
http: //www. gdstp.com.cn
E-mail：gdkjbw@nfcb.com.cn
经　　销：广东新华发行集团股份有限公司
印　　刷：广州市彩源印刷有限公司
（广州市黄埔区百合三路8号　邮政编码：510700）
规　　格：889 mm×1 194 mm　1/16　印张 12.25　字数 320 千
版　　次：2021 年 12 月第 1 版
2021 年 12 月第 1 次印刷
定　　价：128.00 元

Foreword

前　　言

火龙果又名红龙果、仙蜜果、青龙果、长寿果、吉祥果等，属仙人掌科（Cactaceae）植物，原产于中南美洲的热带雨林地区，其驯化和栽培历史近一百年。火龙果既可作为水果、花卉、蔬菜，也可作为保健食品，具有较高的营养、经济和保健价值。据统计，全世界现有22个国家和地区进行火龙果规模化商业栽培，其中栽培面积较大的有中国、越南、泰国、马来西亚、以色列、澳大利亚、尼加拉瓜、美国等国家。近年来，中国火龙果产业发展十分迅速，现有栽培面积近7万公顷，年产量120万吨，居世界第一。另外，越南种植面积达到4万公顷，年产量约80万吨，是世界火龙果主产国之一。

广东是我国大陆最早引种火龙果的省份。据记载，1993年中国台湾商人将火龙果引种到从化市（现广州市从化区）试种，因其种植效益高，目前已迅速扩展到我国南方大部分省区，其中广东、广西、海南、云南、福建、贵州等省区，已建成规模化商业种植基地，火龙果产业逐渐成为当地农业的特色产业。另外，四川、湖南、浙江、江苏、河南、河北等省份也有少量栽培。

中国虽然不是火龙果原产地，但经过近三十年的引种、驯化、栽培，一些科研院所、企业和果农，在广泛收集品种资源的基础上，通过有性杂交和芽变选种等方式，创制出一批优质的火龙果育种材料，育成了一批高产、优质、抗病、综合性状优良的新品种（系），极大地丰富了我国的火龙果种质资源。

广东省规范性开展火龙果种质资源收集、保存、鉴评等工作始于21世纪初，广东省农业科学院果树研究所等单位自2003年开始系统地开展火龙果种质资源调查工作，重点调查火龙果种植企业、合作社及种植大户的资源和生产情况，并采集茎段通过田间扦插方式进行保存。2015年起，农业部（现农业农村部）组织开展第三次全国农作物种质资源普查与收集行动，正式将火龙果列入资源普查与收集行动中。该项目实施，基本摸清了火龙果种质资源在我省的分布情况。经过十多年的系统收集，目前已保存火龙果资源260余份，对现有主栽火龙果品种（系）、优异种质资源的植物学性状、农艺特征等进行了系统观测和数据采集，并储备了相关资料。

近年来，火龙果种质资源调查、收集、保存、创新利用及新品种选育等工作取得较大进展，新品种不断涌现，但因为种植时间短，科研工作尚处于起步阶段，所以相关资料比较缺乏。基于此，广东省农业科学院果树研究所及设施农业研究所的相关研究人员，对过去近30年广东省在火龙果种质资源研究上取得的成绩进行了整理，撰写成《火龙果种质资源图鉴》一书。全书共收录火龙果品种（系）91个，以图文并茂的形式呈现，重点介绍其植物学特性、果实品质性状及综合评价，希望能为广大火龙果科技工作者和果农提供一些有益信息，助力火龙果产业发展。

本书的出版得到广东省现代种业提升项目，广东省农作物种质资源库（圃）建设与资源收集保存、鉴评项目和广东省优稀水果产业技术体系创新团队建设等项目的资助，也得到同行及企业家朋友的鼎力相助，在此一并表示感谢！

由于时间仓促、著者水平有限，书中疏漏和不妥之处在所难免，恳请读者给予批评指正。

著　者

2021年11月于广州

Contents

目　录

选育品种

地方品种

其　他

选育品种

粤红6号 Yuehong No.6

来源｜广东省农业科学院果树研究所以‘大红火龙果’为母本、‘白水晶火龙果’为父本杂交选育而成。2021年通过广东省农作物品种审定委员会专家现场鉴定。

主要性状｜茎蔓近三棱形，棱边平滑。幼茎蔓红色程度弱、顶端有刺毛，成熟茎蔓刺座周围木栓化，刺座间距4.5厘米左右；每个刺座含刺4～5条，针状刺，刺长4～5毫米。初生花苞黄绿色带红棕色，花苞顶部渐尖；开花期外花被背轴面主色为红棕色、边缘浅红棕色，向轴面为橘黄色，花瓣白色，花萼绿色、边缘红色，花萼无刺、末端渐尖；柱头淡黄色，裂条20～22条，裂条粗、末端不分叉，柱头略高于花药；花粉量多，花冠中等大。

果实长椭圆形，果萼一半紧贴、一半外翻、21～24片，成熟时萼片鲜绿色。果皮粉红色，果肉白色、边缘粉红色，单果重402克，可溶性固形物含量14.3%～15.7%。爽口清甜，汁水丰盈，入口即化，种子少。

综合评价｜该品种单株自花亲和，成熟时萼片鲜绿色，果大，品质优良，不易裂果，耐寒性较强。

整株

茎蔓
正面花
刺座
花蕾
大花苞
青果
侧面花
成熟果
5 cm
切果

粤红5号 Yuehong No.5

来源｜广东省农业科学院果树研究所以‘大红火龙果’为母本、‘白肉火龙果’（GDAASDF-15）为父本杂交选育而成。2021年通过广东省农作物品种审定委员会审定。

主要性状｜茎蔓近三棱形，成熟茎蔓棱边波浪状、刺座周围木栓化。幼茎蔓红色程度中等、顶端无刺毛，成熟茎蔓刺座灰白色，刺座间距4.5厘米左右，钩状刺；每个刺座含刺少（0～1条）且短（1～2毫米）。初生花苞黄绿色，花苞顶部渐尖；开花期外花被背轴面主色为浅绿色，向轴面为浅黄色，花瓣白色，花萼无刺、绿色，花萼末端形态圆钝；柱头淡黄色，裂条22～28条，裂条细、末端不分叉，柱头高于花药；花粉量中等，花冠小。

果实椭圆形，果萼紧贴或略外张、12～22片，成熟时果萼绿色。果皮粉红色、色泽亮，果肉白色，果实整齐均匀，单果重310克，可溶性固形物含量14.1%、总糖含量12.4%、还原糖含量10.30%。肉质爽脆、清甜。

综合评价｜该品种茎蔓刺极少且短，丰产稳产，自花结实率高，适应性强，对溃疡病抗性较强。

整株

整株

茎蔓
正面花
刺座
花蕾
大花苞
侧面花
成熟果
青果
切果
5 cm

红水晶6号 Hongshuijing No.6

来源｜广东省农业科学院果树研究所和广州大丘有机农产有限公司合作，以‘白水晶火龙果’为母本、‘光明红火龙果’为父本杂交选育而成。2018年通过广东省农作物品种审定委员会审定。

主要性状｜茎蔓多为四棱形，偶有三棱形或五棱形，成熟茎蔓棱边锯齿状、刺座周围木栓化。幼茎蔓红色程度中等、顶端无刺毛、刺座布满白色短小茸毛，成熟茎蔓刺座灰白色，刺座间距4.5厘米左右；每个刺座含刺1～3条，针状刺、暗褐色，刺长2～4毫米。初生花苞黄绿色带紫红色，花苞顶部渐尖；开花期外花被背轴面主色为橙红色，向轴面为黄色，边缘橙红色，花瓣乳白色，花萼绿色、边缘红色，花萼无刺，末端渐尖；柱头黄绿色，裂条24～30条，裂条粗、末端不分叉，柱头高于花药；花粉量多，花冠中等大。

果实近圆球形，果萼外翻、30～41片，果蒂周围萼片短、略退化。果实整齐均匀，果皮中红色，果肉紫红色，单果重295克，可溶性固形物含量14.4%、总糖含量8.6%、还原糖含量7.41%、可滴定酸含量0.173%。肉质爽脆、清甜。

综合评价｜该品种丰产性能好、品质极优，果实商品性佳，需人工授粉，能作为高端品种发展。

整株

茎蔓
大花苞
刺座
花蕾
正面花
青果
侧面花
成熟果
5 cm
切果

大丘4号 Daqiu No.4

来源｜广东省农业科学院果树研究所和广州大丘有机农产有限公司合作，以‘光明红火龙果’为母本、‘白水晶火龙果’为父本杂交选育而成。2017年通过广东省农作物品种审定委员会审定。

主要性状｜茎蔓近三棱形，成熟茎蔓棱边呈波浪状、刺座周围木栓化。幼茎蔓红色程度强、顶端有刺毛，成熟茎蔓刺座较大、灰褐色，刺座间距3.8厘米左右；每个刺座含刺2～4条，针状刺、暗褐色，刺粗壮、刺长5～7毫米。初生花苞黄绿色带红色，花苞顶部渐尖；开花期外花被背轴面主色为橙红色，向轴面为黄色，花瓣乳白色，花萼橙红色、边缘紫红色，花萼无刺、末端渐尖；柱头淡黄色，裂条19～26条，裂条粗、末端不分叉，柱头略高于花药；花粉量多，花冠大。

果实近圆球形，果萼外张、32～39片，果蒂周围萼片短、略退化。果皮红色，果肉紫红色，果实整齐均匀，单果重316克，可溶性固形物含量14.2%、总糖含量9.0%、还原糖含量8.54%、可滴定酸含量0.191%。肉质爽脆、清甜。

综合评价｜该品种植株生长旺盛，果大、丰产性能良好，品质优良，需要人工授粉。

整株

茎蔓 刺座 花蕾

大花苞 正面花 侧面花

成熟果 青果 切果

仙龙水晶 Xianlongshuijing

来源｜广东省农业科学院果树研究所与广州仙居果庄农业有限公司合作，以‘白水晶火龙果’为母本、‘莲花红1号火龙果’为父本杂交选育而成。2016年通过广东省农作物品种审定委员会审定。

主要性状｜茎蔓近三棱形或四棱形，成熟茎蔓棱边突出、呈锯齿状，无木栓化。幼茎蔓红色程度弱、顶端无刺毛，成熟茎蔓刺座灰色，刺座间距4.2厘米左右；每个刺座含刺1～3条，针状刺，刺短（1～3毫米）。初生花苞黄绿色带暗红色，花苞顶部圆钝；开花期外花被背轴面主色为红褐色、边缘红褐色，向轴面为黄色，花瓣乳白色，花萼橙黄色、边缘红色，花萼无刺、末端圆钝；柱头淡黄色，裂条23～29条，裂条粗、末端不分叉，柱头高于花药；花粉量中等，花冠大。

果实长椭圆形，果萼微张、16～20片。果皮粉红色、色泽亮，果肉白色，单果重325克，可溶性固形物含量15.4%、总糖含量11.2%、还原糖含量9.11%、可滴定酸含量0.119%。肉质爽脆、清甜。

综合评价｜该品种枝梢萌发、生长快，丰产稳产，品质优，需人工授粉，可作为高端品种发展。

整株

茎蔓
正面花
刺座
花蕾
大花苞
青果
侧面花
成熟果
5 cm
切果

粤红 Yuehong

来源｜广东省农业科学院果树研究所与连平县大福林农业有限公司合作选育，从‘莲花红1号火龙果’中经芽变选种而成。2015年通过广东省农作物品种审定委员会审定。

主要性状｜茎蔓近三棱形，成熟茎蔓棱边呈波浪状、木栓化明显。幼茎蔓红色程度弱、顶端无刺毛，成熟茎蔓刺座浅灰色，刺座间距4.8厘米左右；每个刺座含刺3～5条，钩状刺、棕色，刺长1～3毫米。初生花苞黄绿色带紫红色，花苞顶部圆形；开花期外花被背轴面主色为浅绿色、边缘紫红色，向轴面为浅黄色，花瓣白色，花萼中间绿色、边缘紫红色，无刺，末端圆钝；柱头黄绿色，裂条23～29条，裂条细、末端不分叉，柱头略高于花药；花粉量中等，花冠大。

果实长椭圆形，果萼略外张、稀疏，17～25片，果萼厚、硬度高，果蒂周围萼片短、略退化。果皮浅红色，果肉紫红色，果实整齐均匀，单果重410克，可溶性固形物含量14.4%、总糖含量10.0%、还原糖含量9.10%、可滴定酸含量0.450%。肉质爽脆、酸甜适中，耐贮存。

综合评价｜该品种丰产稳产，果大、整齐均匀，不易裂果，耐贮性好，需人工授粉。

整株

茎蔓　正面花　刺座　花蕾　大花苞　青果　侧面花　成熟果　切果

粤红3号 Yuehong No.3

来源｜广东省农业科学院果树研究所与广州仙居果庄农业有限公司合作，以‘白水晶火龙果’为母本、‘莲花红1号火龙果’为父本杂交选育而成。2016年通过广东省农作物品种审定委员会审定。

主要性状｜茎蔓近三棱形或四棱形，以三棱形居多，棱边呈波浪状不规则扭曲，每2～5个刺座间距发生10°～45°扭曲。幼茎蔓红色程度弱、顶端无刺毛，成熟茎蔓刺座灰黑色、木栓化明显，刺座间距3.8厘米左右；每个刺座含刺1～3条，针状刺、灰黑色，刺长1～3毫米。初生花苞黄绿色带紫红色，花苞顶部圆钝；开花期外花被背轴面主色为绿色、边缘紫红色，向轴面为橙红色，花瓣乳白色，花萼绿色、边缘紫红色，花萼无刺、末端尖；柱头黄绿色，裂条23～30条，裂条粗、末端不分叉，柱头略高于花药；花粉量中等，花冠中等大。

果实圆球形，果萼微张、26～39片，萼片薄，果蒂周围萼片短、略退化。果皮粉红色，果肉颜色白中带粉，单果重285克，可溶性固形物含量15.0%、总糖含量10.1%、还原糖含量9.67%、可滴定酸含量0.190%。肉质细软、清甜，入口即化。

综合评价｜该品种丰产稳产，果实中等大小，果肉颜色白中带粉，品质优良，不易裂果。田间表现对火龙果溃疡病具较强抗性，需人工授粉。

整株

刺座
茎蔓
花蕾
大花苞
正面花
侧面花
成熟果
青果
切果
5 cm

红冠1号 Hongguan No.1

来源｜华南农业大学和东莞市林业科学研究所合作选育，从‘红水晶火龙果’实生繁殖群体中通过单株优选而成。2017年通过广东省农作物品种审定委员会审定。

主要性状｜茎蔓近三棱形，棱边平滑。幼茎蔓红色程度中等、顶端无刺毛，成熟茎蔓棕褐色、刺座周围木栓化，刺座间距5.5厘米左右；每个刺座含刺3条，针状刺，刺长4～5毫米。初生花苞黄绿色带紫红色，花苞顶部渐尖；开花期外花被背轴面主色为浅绿色、边缘紫红色，向轴面为浅黄色，花瓣乳白色，花萼绿色、边缘紫红色，花萼无刺、末端渐尖；柱头淡黄色，裂条22～26条，裂条粗、末端不分叉，柱头与花药平齐；花粉量中等，花冠中等大。

果实椭圆形，果萼外翻、20～26片。果皮红色，果肉紫红色，单果重307克，可溶性固形物含量15.0%、总糖含量10.1%、可滴定酸含量0.200%。肉质细腻软滑、清甜。

综合评价｜该品种树势中庸，果实中等大小，品质优良，自花结实能力强。

整株

茎蔓　正面花　刺座　花蕾　大花苞　青果　侧面花　成熟果　切果

双色1号 Shuangse No.1

来源｜华南农业大学和东莞市林业科学研究所合作选育，从‘红水晶火龙果’实生繁殖群体中通过单株优选而成。2017年通过广东省农作物品种审定委员会审定。

主要性状｜茎蔓近三棱形，棱边平滑。幼茎蔓红色程度中等、顶端无刺毛，成熟茎蔓棕褐色、刺座周围木栓化，刺座间距5.5厘米左右；每个刺座含刺3～5条，钩状刺，刺长4～6毫米。初生花苞浅褐色，花苞顶部尖；开花期外花被背轴面主色为浅绿色，向轴面为浅黄色、边缘粉红色，花瓣乳白色、边缘白色，花萼绿色、边缘褐色，花萼无刺，花萼末端形态渐尖；柱头淡黄色，裂条26～28条，裂条粗、末端不分叉，柱头高于花药；花粉量中等，花冠中等大。

果实近球形，果萼外翻、20～24片。果皮暗红色，果肉外红内白，单果重351克，可溶性固形物含量13.5%、总糖含量9.8%、可滴定酸含量0.230%。肉质软滑，耐贮运。

综合评价｜该品种树势旺盛，果肉颜色外红内白，品质优良，自花亲和，茎蔓高温易晒伤。

整株

茎蔓
刺座
花蕾
大花苞
正面花
侧面花
成熟果
青果
切果
5 cm

莞华红 Guanhuahong

来源｜东莞市林业科学研究所和华南农业大学合作选育，从‘红水晶火龙果’实生繁殖群体中通过单株优选而成。2015年通过广东省农作物品种审定委员会审定。

主要性状｜茎蔓近三棱形，棱边平滑。幼茎蔓红色程度中等、顶端无刺毛，成熟茎蔓棕褐色、刺座周围木栓化，刺座间距4.7厘米左右；每个刺座含刺3～4条，针状刺，刺长4～5毫米。初生花苞黄绿色带紫红色，花苞顶部尖；开花期外花被背轴面主色为浅绿色、边缘紫红色，向轴面为浅黄色，花瓣白色，花萼绿色、边缘紫红色，花萼无刺、末端尖；柱头黄绿色，裂条23～25条，裂条粗、末端不分叉，柱头与花药平齐；花粉量中等，花冠中等大。

果实椭圆形，果萼外翻、26～28片。果皮鲜红色，果肉紫红色，单果重376克，可溶性固形物含量14.5%。肉质细腻软滑、风味浓郁。

综合评价｜该品种树势旺盛，自花亲和，果大，品质优良，肉质细腻软滑、风味浓。

整株

茎蔓
侧面花
刺座
花蕾
大花苞
青果
正面花
成熟果
切果
5 cm

桂红龙1号 Guihonglong No.1

来源｜从普通红肉火龙果中经芽变选种而成。2014年通过广西壮族自治区农作物品种审定委员会审定。

主要性状｜茎蔓近三棱形，棱边平滑。幼茎蔓红色程度强、顶端无刺毛，成熟茎蔓深绿色，蜡质层较薄，无蜡粉，刺座周围木栓化，刺座间距4.0厘米左右；每个刺座含刺4～5条，钩状刺，刺长4～7毫米。初生花苞黄绿色带紫红色，花苞顶部渐尖；开花期外花被背轴面主色为绿色、边缘紫红色，向轴面为浅黄色、边缘粉红色，花瓣白色，花萼绿色、边缘紫红色，花萼无刺、末端渐尖；柱头淡黄色，裂条24～28条，裂条粗、末端分叉，柱头高于花药；花粉量中等，花冠中等大。

果实椭圆形，果脐收口较窄且突出，果萼外张、23～26片。果皮粉红色，果肉紫红色，单果重456克，可溶性固形物含量13.2%～14.3%。肉质细腻、清甜，略带玫瑰香味，水分充足。

综合评价｜该品种自然授粉结实率高，皮薄，成熟留树期长，贮藏性好。

整株

茎蔓
刺座
花蕾
大花苞
正面花
侧面花
成熟果
青果
切果
5 cm

美龙1号 Meilong No.1

来源｜从哥斯达黎加红肉种和‘白玉龙火龙果’杂交后代群体中优选而成。2016年通过广西壮族自治区农作物品种审定委员会审定。

主要性状｜茎蔓近三棱形，棱边波浪状。成熟茎蔓棱边完全木栓化，每个刺座含刺2～3条，钩状刺，刺长2～3毫米。初生花苞黄绿色带紫红色，花苞顶部尖；开花期外花被背轴面主色为浅绿色、边缘紫红色，向轴面为浅黄色，花瓣白色，花萼绿色、边缘紫红色，花萼无刺、末端圆钝；柱头淡黄色，裂条24～28条，裂条细、末端不分叉，柱头与花药平齐；花粉量多，花冠大。

果实长圆形，果萼外翻、28～34片。果皮鲜红色，果肉紫红色，单果重350克，可食率76.0%，果实中心可溶性固形物含量18.0%～21.0%。肉质细腻、清甜。

综合评价｜该品种自花结实率较高，果实为中果型，品质中上。

整株

茎蔓
正面花
刺座
花蕾
大花苞
青果
侧面花
成熟果
切果
5 cm

美龙2号 Meilong No.2

来源｜从‘红翠龙火龙果’中经芽变选种而成。2014年通过广西壮族自治区农作物品种登记。

主要性状｜茎蔓近三棱形，边缘波浪状。成熟茎蔓刺座周围木栓化，每个刺座含刺2～3条，针状刺，刺长1～3毫米。初生花苞黄绿色带紫红色，花苞顶部渐尖；开花期外花被背轴面主色为绿色、边缘深紫色，向轴面为黄色、边缘浅紫色，花瓣白色，花萼绿色、边缘深紫色，花萼无刺、末端圆钝；柱头黄绿色，裂条23～26条，裂条粗、末端不分叉，柱头与花药平齐；花粉量中等，花冠中等大。

果实近圆球形，果萼部分外翻、24～26片。果皮紫红色，果肉紫红色，单果重450克，果实中心可溶性固形物含量18.0%～20.0%。皮厚，肉质细滑、蜜甜。

综合评价｜该品种树势中等，果大，品质中上，自花结实率90%左右。

整株

茎蔓
正面花
刺座
花蕾
大花苞
青果
侧面花
成熟果
切果
5 cm

桂热1号 Guire No.1

来源｜从‘桂红龙1号火龙果’中经芽变选种而成。2016年通过广西壮族自治区农作物品种审定委员会审定。

主要性状｜茎蔓近三棱形，棱边波浪状。成熟茎蔓无木栓化，每个刺座含刺4～5条，钩状刺，刺长4～8毫米。初生花苞绿色带紫红色，花苞顶部渐尖；开花期外花被背轴面主色为浅绿色、边缘紫红色，向轴面为浅黄色，花瓣白色，花萼绿色、边缘紫红色，花萼无刺、末端形态圆钝；柱头淡黄色，裂条22～26条，裂条粗、末端分叉，柱头略高于花药；花粉量多，花冠大。

果实椭圆形，果萼外翻、24～27片，萼片基部宽、不带刺。果皮红色，果肉紫红色，单果重600克，可溶性固形物含量13.6%。肉质紧实，微甜。

综合评价｜该品种自花亲和，果大，品质中上，果实完全成熟时萼片尖部易干枯。

整株

茎蔓 刺座 花蕾 大花苞 正面花 侧面花 成熟果 青果 切果

嫦娥1号 Change No.1

来源｜从台湾地区嘉义县竹崎乡复金村引进的红肉火龙果中经芽变选种而成。2016年通过广西壮族自治区农作物品种审定委员会审定。

主要性状｜茎蔓近三棱形，棱边波浪状。成熟茎蔓刺座周围木栓化，每个刺座含刺2～3条，钩状刺，刺长3～5毫米。初生花苞绿色带紫红色，花苞顶部渐尖；开花期外花被背轴面主色为浅绿色、边缘紫红色，向轴面为浅黄色，边缘紫红色，花瓣白色，花萼绿色、边缘紫红色，花萼无刺、末端渐尖；柱头黄绿色，裂条26～28条，裂条细、末端不分叉，柱头与花药平齐；花粉量中等，花冠中等大。

果实近长圆形，果萼外翻、27～31片。果皮玫红色，果肉深红色，单果重410克，可食率75.1%，果实中心可溶性固形物含量20.4%，边缘可溶性固形物含量13.8%。肉质细腻，汁多，清甜。

综合评价｜该品种自然授粉结实率高，果大，品质优良。

整株

茎蔓
刺座
花蕾
大花苞
正面花
侧面花
切果
5 cm
青果
成熟果

晶红龙 Jinghonglong

来源｜贵州省果树科学研究所从'白玉龙火龙果'中经芽变选种而成。2009年12月通过贵州省农作物品种审定委员会审定。

主要性状｜茎蔓近三棱形，棱边波浪状。成熟茎蔓棱边完全木栓化，每个刺座含刺3～4条，钩状刺，刺长2～3毫米。初生花苞黄绿色，花苞顶部渐尖；开花期外花被背轴面主色为浅绿色，向轴面为浅黄色，花瓣白色，花萼绿色、尖端紫红色，花萼无刺、末端渐尖；柱头乳白色，裂条25～27条，裂条细、末端不分叉，柱头高于花药；花粉量中等，花冠中等大。

果实长椭圆形，果萼外张、30～32片，成熟时萼片鲜绿色。果皮粉红色、有光泽，果肉白色，单果重400克，可食率73.3%，可溶性固形物含量12.0%。肉质爽脆，水分足。

综合评价｜该品种树势中上，果大，白肉品种，需人工授粉。

整株

茎蔓 正面花 刺座 花蕾 大花苞 青果 侧面花 成熟果 切果

粉红龙 Fenhonglong

来源｜贵州省果树科学研究所从‘新红龙火龙果’中经芽变选种而成。2009年通过贵州省农作物品种审定委员会审定。

主要性状｜茎蔓近三棱形，棱边波浪状，成熟茎蔓零星披覆块状物或粉状物。幼茎蔓红色程度弱、顶端无刺毛，成熟茎蔓刺座棕褐色、周围木栓化，刺座间距5.8厘米左右；每个刺座含刺2～3条，钩状刺，刺长2～4毫米。初生花苞黄绿色带紫红色，花苞顶部渐尖；开花期外花被背轴面主色为浅绿色、边缘紫红色，向轴面为浅黄色、边缘紫红色，花瓣白色，花萼绿色、尖端紫红色，花萼无刺、末端渐尖；柱头黄绿色，裂条22～24条，裂条粗、末端不分叉，柱头略高于花药；花粉量中等，花冠中等大。
果实近圆球形，果萼外翻、24～26片。果皮粉红色，果肉粉红色，单果重340克，可溶性固形物含量11.7%～14.2%。耐贮存，肉质爽脆，口感佳。
综合评价｜该品种树势中庸，果肉粉红色，中果型，品质优良，需人工授粉。

整株

茎蔓 刺座 花蕾 大花苞 正面花 侧面花 成熟果 青果 切果

紫红龙 Zihonglong

来源｜贵州省果树科学研究所从‘新红龙火龙果’中经芽变选种而成。2009年通过贵州省农作物品种审定委员会审定。

主要性状｜茎蔓近三棱形，棱边波浪状。幼茎蔓红色程度弱、顶端无刺毛，成熟茎蔓刺座周围木栓化，刺座间距4.2厘米左右；每个刺座含刺2～3条，钩状刺，刺长4～5毫米。初生花苞黄绿色带紫红色，花苞顶部圆；开花期外花被背轴面主色为浅绿色、边缘紫红色，向轴面为浅黄色，花瓣白色，花萼绿色、边缘紫红色，花萼无刺、末端形态尖；柱头淡黄色，裂条25～28条，裂条粗、末端不分叉，柱头高于花药；花粉量中等，花冠大。

果实圆球形，果萼外张、25～27片。果皮鲜红色，果肉紫红色，单果重330克，可溶性固形物含量12.0%。肉质松散，微甜，水分中等。

综合评价｜该品种树势中庸，中果型，品质中等，需人工授粉。

整株

茎蔓 正面花 刺座 花蕾 大花苞 青果 侧面花 成熟果 切果

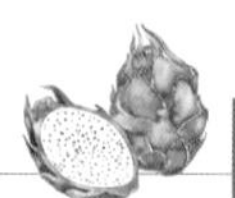

紫龙 Zilong

来源｜从台湾地区引进的品种。2013年通过海南省农作物品种认定。

主要性状｜茎蔓近三棱形，棱边波浪状。幼茎蔓红色程度弱、顶端有刺毛，成熟茎蔓刺座周围木栓化，刺座间距5.0厘米左右；每个刺座含刺3条，钩状刺，刺长4～5毫米。初生花苞黄绿色带紫红色，花苞顶部尖；开花期外花被背轴面主色为浅绿色、边缘紫红色，向轴面为浅黄色，花瓣乳白色、边缘紫色，花萼绿色、边缘紫红色，花萼无刺、末端渐尖；柱头黄绿色，裂条26～28条，裂条细、末端不分叉，柱头高于花药；花粉量多，花冠中等大。

果实椭圆形，果萼外张或外翻、23～26片。果皮粉红色，果肉紫红色，单果重385克，可食率74.2%，可溶性固形物含量14.6%。肉质松散，水分充足，有香气。

综合评价｜该品种适应性强，风味浓郁，自花授粉率高，综合性状优良。

整株

茎蔓 刺座 花蕾 大花苞 正面花 侧面花 成熟果 青果 切果

金都1号 Jindu No.1

来源 | 从台湾地区引进的品种，2016年通过广西壮族自治区农作物品种登记。

主要性状 | 茎蔓近三棱形，棱边波浪状。幼茎蔓红色程度弱、顶端无刺毛，成熟茎蔓刺座木栓化、带刺毛，刺座间距4.4厘米左右；每个刺座含刺2～3条，钩状刺，刺长3～5毫米。初生花苞黄绿色带紫红色，花苞顶部渐尖；开花期外花被背轴面主色为浅绿色、边缘紫红色，向轴面为浅黄色，花瓣白色，花萼绿色、边缘紫红色，花萼无刺、末端渐尖；柱头黄绿色，裂条24～26条，裂条粗、末端不分叉，柱头与花药平齐；花粉量多，花冠大。

果实椭圆形，果萼外翻、23～26片，萼片短且薄。果皮暗红色，果肉紫红色，单果重450克，果肉中心可溶性固形物含量21.2%。肉质细腻，清甜，有玫瑰香味，果脐收口较窄且突出，不易裂果。

综合评价 | 该品种自花结实能力强，果大，丰产稳产，品质中上，成熟时果皮易皱缩。

整株

茎蔓
正面花
刺座
花蕾
大花苞
青果
侧面花
成熟果
切果
5 cm

昕运1号（蜜宝）Xinyun No.1（Mibao）

来源｜台湾地区以中南美洲原种 Mala gua（嘉义3号）为母本、白肉种为父本杂交选育而成。

主要性状｜茎蔓近三棱形，棱边平滑。幼茎蔓红色程度弱、顶端无刺毛，成熟茎蔓刺座周围木栓化、无刺毛，刺座间距3.8厘米左右；每个刺座含刺3～4条，钩状刺，刺长3～5毫米。初生花苞浅绿色，花苞顶部尖；开花期外花被背轴面主色为浅绿色、花被尖端红色，向轴面为浅黄色，花瓣白色，花萼绿色、边缘紫红色，花萼无刺、末端渐尖；柱头淡黄色，裂条24～26条，裂条粗、末端不分叉，柱头高于花药；花粉量中等，花冠大。

果实近圆形，果萼外翻，萼片短且数量少（12～14片）。果皮暗红色，果肉紫红色，单果重400克，可溶性固形物含量12.6%～14.2%。微酸，肉质紧实，贮运性好，果皮转红后1周不采收不易裂果。

综合评价｜该品种果大、鳞片短，易包装，耐贮运，需人工授粉。

整株

茎蔓
正面花
刺座
花蕾
大花苞
青果
侧面花
成熟果
切果
5 cm

大红 Dahong

来源｜台湾地区南投县果农经实生选种而成。

主要性状｜茎蔓近三棱形，棱边波浪状。幼茎蔓红色程度弱、顶端有刺毛，成熟茎蔓刺座周围木栓化，刺座间距5.2厘米左右；每个刺座含刺2～4条，钩状刺，刺长3～5毫米。初生花苞黄绿色带紫红色，花苞顶部渐尖；开花期外花被背轴面主色为浅绿色、边缘紫红色，向轴面为浅黄色，花瓣白色，花萼绿色、尖端紫红色，花萼无刺、末端渐尖；柱头黄绿色，裂条22～31条，裂条粗、末端不分叉，柱头与花药平齐；花粉量多，花冠较大。

果实椭圆形，果萼略微外张、20～25片，成熟时萼片尖部易萎蔫。果皮深红色，果肉紫红色，单果重410克，可溶性固形物含量12.9%～14.2%。肉质紧实，有香气。

综合评价｜该品种自花结实能力强，丰产稳产，枝条脆、下垂，品质中上，夏季果较小，成熟时萼片尖部易干枯。

整株

茎蔓
刺座
花蕾
大花苞
正面花
侧面花
成熟果
青果
切果
5 cm

石火泉 Shihuoquan

来源｜台湾地区南投县集集镇果农选育而成。

主要性状｜茎蔓近三棱形，棱边波浪状。幼茎蔓红色程度中等、顶端有刺毛，成熟茎蔓刺座周围木栓化，刺座间距4.3厘米左右；每个刺座含刺2～4条，针状刺，刺长2～4毫米。初生花苞黄绿色带紫红色，花苞顶部尖；开花期外花被背轴面主色为浅绿色、边缘紫红色，向轴面为浅黄色，花瓣白色，花萼绿色、边缘紫红色，花萼有刺、末端渐尖；柱头黄绿色，裂条26～28条，裂条细、末端不分叉，柱头与花药平齐；花粉量中等，花冠中等大。

果实近圆形，果萼外翻、24～27片。果皮粉红色，果肉紫红色，单果重370克，可溶性固形物含量11.1%～13.5%。肉质软滑、微甜。

综合评价｜该品种自花亲和，茎蔓高温易日灼，夏季果偏小。果皮和果萼较薄，果实不耐贮运，货架期短。

整株

茎蔓 刺座 花蕾 大花苞 正面花 侧面花 成熟果 青果 切果

软枝大红 Ruanzhidahong

来源｜中国台湾果农从大红火龙果中芽变选育而成。

主要性状｜茎蔓近三棱形，棱边平滑。幼茎蔓红色程度中等、顶端有刺毛，成熟茎蔓刺座周围木栓化，刺座间距4.3厘米左右；每个刺座含刺2～4条，钩状刺，刺长3～5毫米。初生花苞黄绿色带紫红色，花苞顶部尖；开花期外花被背轴面主色为绿色、边缘紫红色，向轴面为浅黄色、边缘粉红色，花瓣白色，花萼绿色、边缘紫红色，花萼无刺、末端渐尖；柱头黄绿色，裂条30～32条，裂条粗、末端不分叉，柱头与花药平齐；花粉量中等，花冠中等大。

果实椭圆形，果萼外翻、23～26片。果皮粉红色，果肉紫红色，单果重400克，可溶性固形物含量11.8%～14.0%。肉质中等、酸甜多汁。

综合评价｜该品种丰产稳产，自花结实率高，枝条柔韧，品质中上，夏季果偏小。

整株

茎蔓 正面花 刺座 花蕾 大花苞 青果 侧面花 成熟果 切果

地方品种

木兰 Mulan

来源｜主要在广东省湛江市遂溪县等地推广种植。

主要性状｜茎蔓近三棱形，棱边平滑。幼茎蔓红色程度弱、顶端无刺毛，成熟茎蔓刺座周围木栓化，刺座间距4.5厘米左右；每个刺座含刺2～3条，钩状刺，刺长2～4毫米。初生花苞绿色、边缘红色，花苞顶部渐尖；开花期外花被背轴面主色为绿色，向轴面为黄绿色，花被尖部玫红色，花瓣白色，花萼绿色、边缘红色，花萼无刺、末端渐尖；柱头黄绿色，裂条20～24条，裂条粗、末端不分叉，柱头略高于花药；花粉量中等，花冠中等大。

果实近圆形，果萼外张、24～28片。果皮粉红色，果肉红色，单果重350克，可溶性固形物含量13.4%。肉质沙爽、酸甜适度。

综合评价｜该品种自花亲和，中果型，品质优良。

整株

茎蔓
正面花
刺座
花蕾
侧面花
大花苞
青果
成熟果
切果
5 cm

马铃果 Malingguo

来源｜主要在广东省湛江市遂溪县等地种植。

主要性状｜茎蔓近三棱形，棱边平滑。幼茎蔓红色程度弱、顶端有刺毛，成熟茎蔓刺座周围木栓化，刺座间距5.0厘米左右；每个刺座含刺3～4条，钩状刺，刺长2～4毫米。初生花苞绿色带紫红色，花苞顶部渐尖；开花期外花被背轴面主色为浅绿色、边缘紫红色，向轴面为浅黄色，花瓣白色，花萼绿色、边缘紫红色，花萼无刺、末端尖；柱头黄绿色，裂条24～26条，裂条粗、末端不分叉，柱头与花药平齐；花粉量多，花冠大。

果实长椭圆形，果萼外翻、24～26片。果皮粉红色，果肉玫红色，单果重300克，可溶性固形物含量10.9%～13.6%。肉质沙、清甜、水分充足。

综合评价｜该品种树势旺盛，自花亲和，品质中上。

整株

茎蔓
刺座
花蕾
大花苞
正面花
侧面花
成熟果
青果
切果

杨柑白肉 Yangganbairou

来源｜主要在广东省湛江市遂溪县杨柑镇等地种植。

主要性状｜茎蔓三棱形，棱边波浪状，棱边完全木栓化。幼茎蔓红色程度弱、顶端无刺毛，成熟茎蔓刺座间距5.2厘米左右；每个刺座含刺3～4条，钩状刺，刺长2～4毫米。初生花苞浅绿色，花苞顶部渐尖；开花期外花被背轴面主色为浅绿色、边缘浅绿色，向轴面为浅黄色，花瓣白色，花萼绿色、边缘绿色，花萼无刺、末端渐尖；柱头淡黄色，裂条26～28条，裂条粗、末端不分叉，柱头低于花药；花粉量中等，花冠中等大。果实长椭圆形，果萼外翻、24～26片，萼片长且鲜绿色。果皮粉红色，果肉白色，单果重345克，可溶性固形物含量11.7%～13.2%。肉质爽脆、酸甜。

综合评价｜该品种树势旺盛，中果型、白肉种，品质中上，自花亲和。

整株

茎蔓
刺座
花蕾
大花苞
青果
侧面花
正面花
成熟果
切果
5 cm

富贵红450 Fuguihong450

来源｜在广东、广西、云南、海南等主产省区有小规模种植。

主要性状｜茎蔓近三棱形，棱边波浪状。幼茎蔓红色程度弱、顶端无刺毛，成熟茎蔓刺座周围木栓化，刺座间距4.3厘米左右；每个刺座含刺3～5条，钩状刺，刺长2～5毫米。初生花苞黄绿色带紫红色，花苞顶部渐尖；开花期外花被背轴面主色为浅绿色、边缘暗红色，向轴面为浅黄色、边缘紫红色，花瓣白色、顶部尖，花萼绿色、边缘暗红色，花萼无刺、末端尖；柱头黄绿色，裂条28～30条，裂条细、末端不分叉，柱头与花药平齐；花粉量多，花冠大。

果实长椭圆形，果萼外翻、29～32片，成熟时萼片绿色。果皮鲜红色，果肉玫红色，单果重480克，果皮厚，可溶性固形物含量11.5%～13.8%。肉质紧实，清甜。

综合评价｜该品种树势旺盛，果大，品质中上等，自花结实能力强。

整株

茎蔓
正面花
刺座
花蕾
大花苞
青果
侧面花
成熟果
切果
5 cm

仙蜜2号 Xianmi No.2

来源｜主要在浙江省金华市等地种植。

主要性状｜茎蔓近三棱形，棱边波浪状。幼茎蔓红色程度弱、顶端无刺毛，成熟茎蔓刺座周围木栓化，刺座间距4.5厘米左右；每个刺座含刺2～4条，针状刺，刺长2～4毫米。初生花苞黄绿色带紫红色，花苞顶部尖；开花期外花被背轴面主色为浅绿色、边缘紫红色，向轴面为浅黄色、边缘紫红色，花瓣白色，花萼绿色、边缘紫红色，花萼无刺、末端渐尖；柱头淡黄色，裂条32～36条，裂条粗、末端不分叉，柱头与花药平齐；花粉量中等，花冠大。

果实近圆球形，果萼外翻、16～22片。果皮粉红色、有光泽，果肉紫红色，单果重400克，可溶性固形物含量12.3%～14.0%。果皮薄，肉质软滑、水分中等。

综合评价｜该品种树势旺盛，果大，果皮薄，品质优良，自花亲和。

整株

茎蔓　正面花　刺座　花蕾　大花苞　青果　侧面花　成熟果　切果

莲花红 Lianhuahong

来源｜从台湾地区引种，在广东省广州市从化区、惠州市惠东县等地小面积种植。

主要性状｜茎蔓近三棱形，棱边平滑。幼茎蔓红色程度中等、顶端无刺毛，成熟茎蔓刺座周围木栓化，刺座间距4.3厘米左右；每个刺座含刺3～5条，钩状刺，刺长2～5毫米。初生花苞黄绿色带紫红色，花苞顶部尖；开花期外花被背轴面主色为绿色、边缘紫红色，向轴面为浅黄色，花瓣乳白色，花萼绿色、边缘紫红色，花萼无刺、末端渐尖；柱头淡黄色，裂条22～31条，裂条粗、末端不分叉，柱头高于花药；花粉量多，花冠大。

果实圆球形，果萼外张、24～36片，萼片薄、脆。果皮粉红色，果肉玫红色，单果重350克，可溶性固形物含量12.4%～13.8%。肉质紧实多汁、清甜。

综合评价｜该品种自花不亲和，果实品质优良，易裂果。

整株

茎蔓
刺座
花蕾
大花苞
正面花
侧面花
切果
5 cm
青果
成熟果

大红2号 Dahong No.2

来源｜从‘大红火龙果’中经芽变选种而成，在海南省东方市有少量种植。

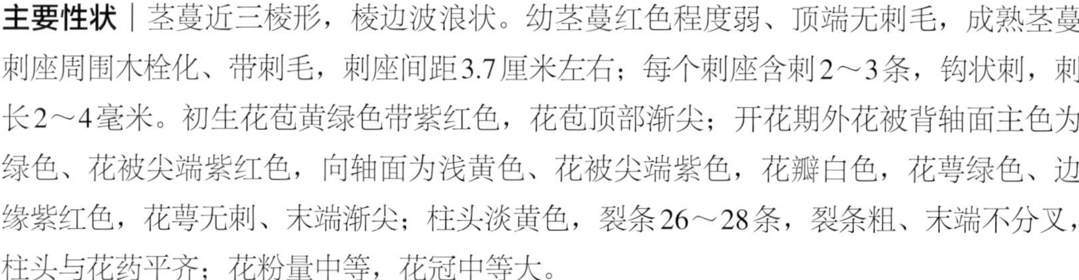

主要性状｜茎蔓近三棱形，棱边波浪状。幼茎蔓红色程度弱、顶端无刺毛，成熟茎蔓刺座周围木栓化、带刺毛，刺座间距3.7厘米左右；每个刺座含刺2～3条，钩状刺，刺长2～4毫米。初生花苞黄绿色带紫红色，花苞顶部渐尖；开花期外花被背轴面主色为绿色、花被尖端紫红色，向轴面为浅黄色、花被尖端紫色，花瓣白色，花萼绿色、边缘紫红色，花萼无刺、末端渐尖；柱头淡黄色，裂条26～28条，裂条粗、末端不分叉，柱头与花药平齐；花粉量中等，花冠中等大。

果实椭圆形，果萼外翻、15～18片，成熟时萼片尖部灰绿色。果皮紫红色，果肉玫红色，单果重400克，可溶性固形物含量13.2%～14.4%。种子多，肉质软滑，具有玫瑰香味，清甜。

综合评价｜该品种树势旺盛，果大，品质中上，成熟时萼片不干枯，自花结实能力强。

整株

茎蔓　刺座　花蕾　大花苞　正面花　侧面花　切果　青果　成熟果

呈祥一号 Chengxiang No.1

来源｜在广西、上海等地零星种植。

主要性状｜茎蔓近三棱形，棱边波浪状、完全木栓化。幼茎蔓红色程度弱、顶端无刺毛，成熟茎蔓灰色，刺座间距4.3厘米左右；每个刺座含刺2～3条，钩状刺，刺短（<2毫米）。初生花苞黄绿色带紫红色，花苞顶部圆；开花期外花被背轴面主色为浅绿色、边缘紫红色，向轴面为黄色、花被尖端粉红色，花瓣白色，花萼黄绿色、边缘紫红色，花萼无刺、末端尖；柱头淡黄色，裂条26～28条，裂条粗、末端分叉，柱头与花药平齐；花粉量中等，花冠大。

果实椭圆形，果萼外张、22～26片。果皮橙红色，果肉玫红色，单果重353克，可溶性固形物含量12.9%。酸甜适度。

综合评价｜该品种树势旺盛，自花亲和，中果型，酸甜适度。

整株

茎蔓
刺座
花蕾
大花苞
正面花
侧面花
青果
切果
5 cm

佛山火龙果 Foshanhuolongguo

来源｜在广东省佛山市等局部地区少量种植。

主要性状｜茎蔓近三棱形，棱边波浪状。幼茎蔓红色程度弱、顶端无刺毛，成熟茎蔓刺座周围木栓化、带刺毛，刺座间距4.5厘米左右；每个刺座含刺2～3条，钩状刺，刺长2～4毫米。初生花苞黄绿色带紫红色，花苞顶部渐尖；开花期外花被背轴面主色为浅绿色、边缘紫红色，向轴面为浅黄色、边缘紫红色，花瓣白色，花萼绿色、边缘红色，花萼无刺、末端渐尖；柱头黄绿色，裂条24～26条，裂条粗、末端不分叉，柱头与花药平齐；花粉量中等，花冠小。

果实椭圆形，果萼外翻、23～25片。果皮暗红色，果肉玫红色，单果重242克，可溶性固形物含量11.7%。肉质细软，微酸。

综合评价｜该品种树势旺盛，中小果型，需人工授粉。

整株

茎蔓 正面花 刺座 花蕾 大花苞 青果 侧面花 成熟果 切果

大丘2号 Daqiu No.2

来源｜在广东省广州市、东莞市等地少量种植。

主要性状｜茎蔓近三棱形，棱边波浪状。幼茎蔓红色程度弱、顶端有刺毛，成熟茎蔓刺座下半部木栓化，刺座间距4.3厘米左右；每个刺座含刺2～4条，针状刺，刺长2～3毫米。初生花苞黄绿色带紫红色，花苞顶部渐尖；开花期外花被背轴面主色为浅绿色、边缘紫红色，向轴面为浅绿色，花瓣白色，花萼绿色、边缘紫红色，花萼无刺、末端渐尖；柱头黄绿色，裂条26～28条，裂条粗、末端不分叉，柱头与花药平齐；花粉量中等，花冠小。

果实圆球形，果萼微张、32～36片。果皮粉红色，果肉紫红色，单果重285克，可溶性固形物含量12.0%～14.0%。肉质细软，清甜，有香味，种子少。

综合评价｜该品种树势中庸，中果型，品质优良，需人工授粉。

整株

茎蔓
刺座
花蕾
大花苞
正面花
侧面花
切果
5 cm
青果
成熟果

祥龙 Xianglong

来源｜从台湾地区引种，在广东省东莞市、中山市等地少量种植。

主要性状｜茎蔓近三棱形，棱边平滑。幼茎蔓红色程度弱、顶端有刺毛，成熟茎蔓刺座周围木栓化、带刺毛，刺座间距4.5厘米左右；每个刺座含刺3～5条，钩状刺，刺长2～5毫米。初生花苞黄绿色带紫红色，花苞顶部渐尖；开花期外花被背轴面主色为浅绿色、花被尖端紫红色，向轴面为浅黄色、边缘红色，花瓣白色，花萼绿色、边缘紫红色，花萼无刺、末端渐尖；柱头黄绿色，裂条24～26条，裂条细、末端不分叉，柱头高于花药；花粉量中等，花冠小。

果实圆球形，果萼外翻、24～28片。果皮红色，果肉紫红色，单果重310克，可溶性固形物含量12.3%～13.7%。肉质细软，风味淡、多汁，种子大。

综合评价｜该品种自花不亲和，中果型，品质中等。

整株

茎蔓
正面花
刺座
花蕾
大花苞
青果
侧面花
成熟果
切果
5 cm

白水晶 Baishuijing

来源｜从台湾地区引种，在广东省广州市从化区、增城区，江门市等地小面积种植。

主要性状｜茎蔓呈三棱形或四棱形，棱边锯齿状。幼茎蔓红色程度强、顶端有刺毛，成熟茎蔓无木栓化，刺座间距3.0厘米左右；每个刺座含刺3～5条，针状刺，刺长4～7毫米。初生花苞黄绿色带紫红色，花苞顶部渐尖；开花期外花被背轴面主色为橙红色、边缘橙红色，向轴面为浅黄色，花瓣乳白色，花萼橙黄色、边缘红色，花萼有刺、末端渐尖；柱头淡黄色，裂条23～26条，裂条粗、末端不分叉，柱头高于花药；花粉量中等，花冠中等大。

果实近圆球形，果萼紧贴、短小且多，萼片33～47片，果蒂周围萼片短、略退化，萼片内着生小刺。果皮浅粉红色，果肉白色、呈果冻状，单果重150克，可食率63.6%，可溶性固形物含量14.4%、总糖含量10.4%、可滴定酸含量0.140%。果肉透明，肉质清甜、细软。

综合评价｜该品种果小，品质极优，果皮萼片内着生小刺，成熟后不易脱落，需人工授粉。

整株

茎蔓
刺座
花蕾
大花苞
成熟果
侧面花
正面花
青果
切果
5 cm

粉水晶 Fenshuijing

来源｜在广东、广西、贵州等省区零星种植。

主要性状｜茎蔓近三棱形，棱边波浪状。幼茎蔓红色程度中等、顶端无刺毛，成熟茎蔓无木栓化，刺座间距3.0厘米左右；每个刺座含刺2～4条，针状刺，刺短（≤2毫米）。初生花苞绿色带紫红色，花苞顶部平齐；开花期内外花被尖部向内弯曲，外花被背轴面主色为浅绿色、边缘紫红色，向轴面为黄色、边缘粉红色，花瓣乳白色，花萼绿色、边缘紫红色，花萼无刺、末端尖；柱头淡黄色，裂条22～24条，裂条粗、末端不分叉，柱头与花药平齐；花粉量中等，花冠中等大。

果实椭圆形，果萼外张，萼片短而密（45～48片）、果实基部带小刺。果皮浅粉红色、有光泽，果肉粉白色，单果重225克，可溶性固形物含量11.2%～13.4%，种子多。肉质粉糯、酸甜适度，水分中等。

综合评价｜该品种自花不亲和，果肉粉白色，果实基部带小刺，品质中等。

整株

茎蔓
正面花
刺座
花蕾
大花苞
青果
侧面花
成熟果
切果
5 cm

红宝石 Hongbaoshi

来源｜在广东省湛江市、广州市等地少量种植。

主要性状｜茎蔓近三棱形，棱边波浪状。幼茎蔓红色程度弱、顶端无刺毛，成熟茎蔓棱边完全木栓化，刺座间距4.4厘米左右；每个刺座含刺3～5条，钩状刺，刺短（≤2毫米）。初生花苞黄绿色，花苞顶部圆钝；开花期外花被背轴面主色为浅绿色、花被尖端紫红色，向轴面为浅黄色，花瓣乳白色，花萼绿色、无刺、末端圆钝；柱头黄色，裂条21～28条，裂条粗、末端分叉，柱头与花药平齐；花粉量中等，花冠中等大。

果实近圆球形，果萼外张、20～25片。果皮粉红色，果肉白色，单果重330克，可溶性固形物含量12.1%～13.2%，可食率83.1%。肉质爽脆，水分中等，甜中带酸。

综合评价｜该品种自花不亲和，果大、白肉，果皮颜色鲜亮，品质中等。

整株

茎蔓　正面花　刺座　花蕾　大花苞　青果　侧面花　成熟果　切果

虹泰 Hongtai

来源｜在广东省广州市花都区少量种植。

主要性状｜茎蔓近三棱形，棱边平滑。幼茎蔓红色程度弱、顶端有刺毛，成熟茎蔓刺座周围木栓化、带刺毛，刺座间距4.8厘米左右；每个刺座含刺2～4条，针状刺，刺长2～5毫米。初生花苞黄绿色带紫红色，花苞顶部尖；开花期外花被背轴面主色为浅绿色、花被尖端紫红色，向轴面为浅黄色，花瓣白色，花萼绿色、边缘紫红色，花萼无刺、末端渐尖，花朵开放时花瓣、花被顶端卷曲；柱头淡黄色，裂条22～24条，裂条粗、末端不分叉，柱头高于花药；花粉量中等，花冠中等大。

果实长椭圆形，果萼外翻、16～18片，成熟时萼片绿色。果皮浅粉色，果肉玫红色，单果重300克，可溶性固形物含量13.0%。肉质细软，风味偏淡。

综合评价｜该品种自花不亲和，中果型，成熟时萼片绿色。

整株

茎蔓
刺座
正面花
花蕾
大花苞
青果
侧面花
成熟果
切果
5 cm

台农1号 Tainong No.1

来源 | 从台湾地区引种，在广东省广州市花都区、从化区少量种植。

主要性状 | 茎蔓近三棱形，棱边波浪状。幼茎蔓红色程度弱、顶端无刺毛，成熟茎蔓刺座周围木栓化，刺座间距4.5厘米左右；每个刺座含刺3～5条，钩状刺，刺长2～5毫米。初生花苞黄绿色带紫红色，花苞顶部渐尖；开花期外花被背轴面主色为浅绿色、花被尖端紫红色，向轴面为浅黄色，花瓣白色，花萼绿色、边缘紫红色，花萼无刺、末端圆钝；柱头黄绿色，裂条18～20条，裂条粗、末端不分叉，柱头高于花药；花粉量中等，花冠中等大。

果实长椭圆形，果萼外翻、22～24片，萼片长而绿。果皮红色、有光泽，果肉玫红色，单果重298克，可溶性固形物含量11.5%～13.2%。肉质细软，清甜。

综合评价 | 该品种自花不亲和，果皮有光泽，中果型，品质中上。

整株

茎蔓　正面花　刺座　花蕾　大花苞　青果　侧面花　成熟果　切果

红心玫瑰 Hongxinmeigui

来源｜从台湾地区引种，在广东省广州市花都区、从化区少量种植。

主要性状｜茎蔓近三棱形，棱边平滑。幼茎蔓红色程度弱、顶端有刺毛，成熟茎蔓刺座周围木栓化、带刺毛，刺座间距4.0厘米左右；每个刺座含刺2～4条，针状刺，刺长2～5毫米。初生花苞黄绿色带紫红色，花苞顶部渐尖；开花期外花被背轴面主色为黄绿色、边缘红色，向轴面为浅红色，花瓣乳白色，花萼绿色、边缘红色，花萼无刺、末端渐尖；柱头黄绿色，裂条20～24条，裂条粗、末端不分叉，柱头高于花药；花粉量中等，花冠中等大。

果实短椭圆形，果萼外张、15～18片，成熟时萼片绿色。果皮鲜红色，果肉粉红色，单果重342克，可溶性固形物含量11.3%～12.8%。肉质紧实，清甜多汁。

综合评价｜该品种果皮有光泽，中果型，肉质紧实，清甜多汁，需人工授粉。

整株

茎蔓
刺座
花蕾
大花苞
正面花
侧面花
切果
5 cm
青果
成熟果

仙化蜜 Xianhuami

来源｜从台湾地区引种，在广东省江门市、广州市少量种植。

主要性状｜茎蔓近三棱形，棱边平滑。幼茎蔓红色程度弱、顶端无刺毛，成熟茎蔓刺座周围木栓化，刺座间距4.0厘米左右；每个刺座含刺2～4条，钩状刺，刺长2～5毫米。初生花苞黄绿色带紫红色，花苞顶部渐尖；开花期外花被背轴面主色为浅绿色、边缘紫红色，向轴面为浅黄色，花瓣白色，花萼绿色、边缘紫红色，花萼无刺、末端尖；柱头黄绿色，裂条22～26条，裂条粗、末端不分叉，柱头与花药平齐；花粉量中等，花冠中等大。

果实椭圆形，果萼外翻、20～22片。果皮暗红色、有刺，果肉粉红色，单果重295克，可溶性固形物含量10.7%～11.5%。肉质紧实、微酸。

综合评价｜该品种自花不亲和，中果型，微酸，易感烟煤病。

整株

茎蔓
刺座
花蕾
大花苞
正面花
侧面花
成熟果
青果
切果
5 cm

台丰 Taifeng

来源｜在广东省广州市从化区少量种植。

主要性状｜茎蔓近三棱形，棱边波浪状。幼茎蔓红色程度弱、顶端无刺毛，成熟茎蔓刺座周围木栓化、带刺毛，刺座间距4.2厘米左右；每个刺座含刺3～5条，钩状刺，刺长2～5毫米。初生花苞绿色带紫红色，花苞顶部渐尖；开花期外花被背轴面主色为浅绿色、边缘紫红色，向轴面为浅黄色、边缘紫红色，花瓣白色，花萼绿色、边缘紫红色，花萼无刺、末端尖；柱头黄绿色，裂条24～27条，裂条粗、末端不分叉，柱头高于花药；花粉量多，花冠小。

果实椭圆形，果萼外翻、20～22片。果皮鲜红色，果肉紫红色，平均单果重200克，可溶性固形物含量9.6%～11.6%。肉质软滑，味淡。

综合评价｜该品种果小，品质差，需人工授粉。

整株

茎蔓
正面花
刺座
花蕾
大花苞
青果
侧面花
成熟果
切果
5 cm

巨麒麟 Juqilin

来源｜在浙江省金华市等地零星种植。

主要性状｜茎蔓近三棱形，棱边波浪状。幼茎蔓红色程度弱、顶端有刺毛，成熟茎蔓刺座周围木栓化、带刺毛，刺座间距3.7厘米左右；每个刺座含刺3～4条，针状刺，刺长2～5毫米。初生花苞绿色带紫红色，花苞顶部尖；开花期外花被背轴面主色为浅绿色、边缘紫色，向轴面为浅黄色，花瓣白色，花萼绿色、边缘紫红色，花萼无刺、末端尖；柱头黄绿色，裂条24～26条，裂条粗、末端不分叉，柱头与花药平齐；花粉量中等，花冠中等大。

果实圆球形，果萼外张、17～20片，成熟时萼片绿色。果皮浅红色、有光泽，果肉粉红色，单果重430克，可溶性固形物含量10.7%～11.6%。肉质沙爽，偏酸。

综合评价｜该品种自花不亲和，果大，果皮色泽艳丽，果实偏酸。

整株

茎蔓
正面花
刺座
花蕾
大花苞
青果
侧面花
成熟果
切果
5 cm

白蜜 Baimi

来源｜在江苏省泰州市等地零星种植。

主要性状｜茎蔓近三棱形，棱边波浪状。幼茎蔓红色程度弱、顶端无刺毛，成熟茎蔓刺座周围木栓化，刺座间距4.6厘米左右；每个刺座含刺2～4条，钩状刺，刺长3～5毫米。初生花苞黄绿色带紫红色、花苞顶部渐尖；开花期外花被背轴面主色为浅绿色、边缘紫红色，向轴面为浅黄色，花被尖端粉红色，花瓣白色，花萼绿色、边缘紫红色，花萼无刺、末端渐尖；柱头浅黄色，裂条30～32条，裂条粗、末端不分叉，柱头与花药平齐；花粉量中等，花冠中等大。

果实圆球形，果萼向外翻卷、20～23片。果皮粉红色，果肉紫红色，单果重335克，可溶性固形物含量11.8%～13.9%。肉质紧实，微甜。

综合评价｜该品种自花不亲和，中大果型，果萼向外翻卷、果质柔软，耐贮运。

整株

茎蔓
正面花
刺座
花蕾
大花苞
青果
侧面花
成熟果
切果
5 cm

天香 Tianxiang

来源｜在上海等地少量种植。

主要性状｜茎蔓近三棱形，棱边平滑。幼茎蔓红色程度弱、顶端无刺毛，成熟茎蔓刺座周围木栓化，刺座间距5.3厘米左右；每个刺座含刺3～5条，钩状刺，刺长2～5毫米。初生花苞黄绿色带紫红色，花苞顶部尖；开花期外花被背轴面主色为浅绿色、边缘紫红色，向轴面为浅黄色，花瓣白色，花萼绿色、边缘紫红色，花萼无刺、末端渐尖；柱头淡黄色，裂条24～26条，裂条粗、末端分叉，柱头略高于花药；花粉量中等，花冠中等大。

果实椭圆形，果萼外翻、20～22片。果皮鲜红色，果肉粉红色，单果重345克，可溶性固形物含量10.5%～12.2%。肉质软滑，微香，种子大。

综合评价｜该品种自花不亲和，果肉粉红色，微香，品质中等。

整株

茎蔓
刺座
花蕾
大花苞
正面花
侧面花
成熟果
青果
切果
5 cm

香蜜 Xiangmi

来源｜在广东省广州市从化区、花都区等地少量种植。

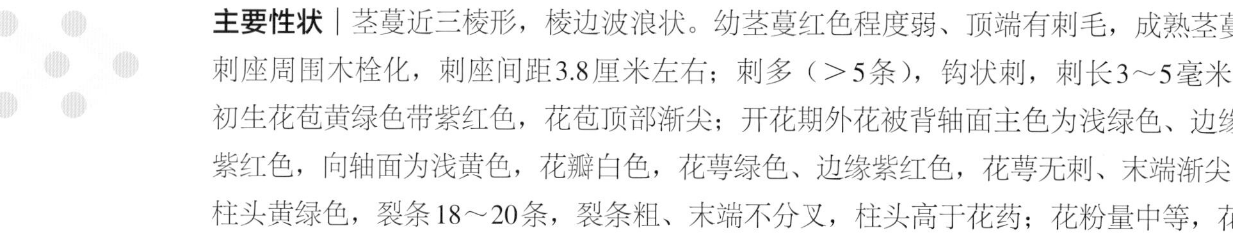

主要性状｜茎蔓近三棱形，棱边波浪状。幼茎蔓红色程度弱、顶端有刺毛，成熟茎蔓刺座周围木栓化，刺座间距3.8厘米左右；刺多（＞5条），钩状刺，刺长3～5毫米。初生花苞黄绿色带紫红色，花苞顶部渐尖；开花期外花被背轴面主色为浅绿色、边缘紫红色，向轴面为浅黄色，花瓣白色，花萼绿色、边缘紫红色，花萼无刺、末端渐尖；柱头黄绿色，裂条18～20条，裂条粗、末端不分叉，柱头高于花药；花粉量中等，花冠中等大。

果实圆球形，果萼外翻、20～22片。果皮紫红色，果肉紫红色，单果重240克，可溶性固形物含量11.8%～13.0%。肉质沙爽，入口即化，具清香味，水分充足，种子大。

综合评价｜该品种自花不亲和，小果型，果实具香味。

整株

茎蔓
正面花
刺座
花蕾
侧面花
大花苞
青果
成熟果
切果
5 cm

史蜜华 Shimihua

来源｜在浙江省金华市、江苏省泰州市等地零星种植。

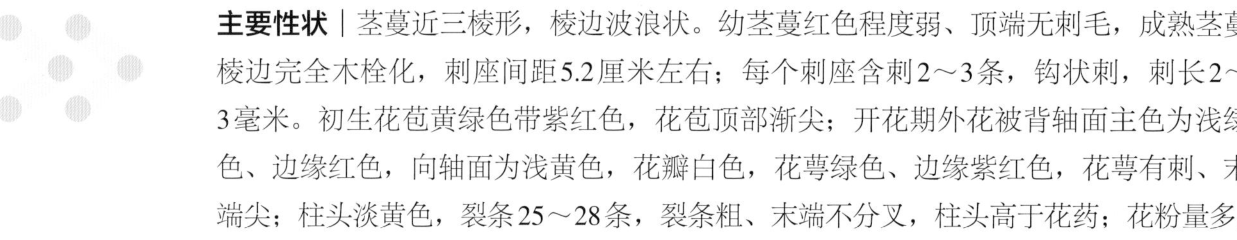

主要性状｜茎蔓近三棱形，棱边波浪状。幼茎蔓红色程度弱、顶端无刺毛，成熟茎蔓棱边完全木栓化，刺座间距5.2厘米左右；每个刺座含刺2～3条，钩状刺，刺长2～3毫米。初生花苞黄绿色带紫红色，花苞顶部渐尖；开花期外花被背轴面主色为浅绿色、边缘红色，向轴面为浅黄色，花瓣白色，花萼绿色、边缘紫红色，花萼有刺、末端尖；柱头淡黄色，裂条25～28条，裂条粗、末端不分叉，柱头高于花药；花粉量多，花冠中等大。

果实椭圆形，果萼外张、25～29片。果皮鲜红色，果肉紫红色，单果重290克，可溶性固形物含量11.2%～12.9%。微甜，肉质软滑。

综合评价｜该品种树势旺盛，中果型，花粉量多，需人工授粉。

整株

茎蔓
刺座
花蕾
大花苞
正面花
侧面花
成熟果
青果
切果
5 cm

莲龙1号 Lianlong No.1

来源｜从台湾地区引种，在广东省广州市、湛江市等地零星种植。

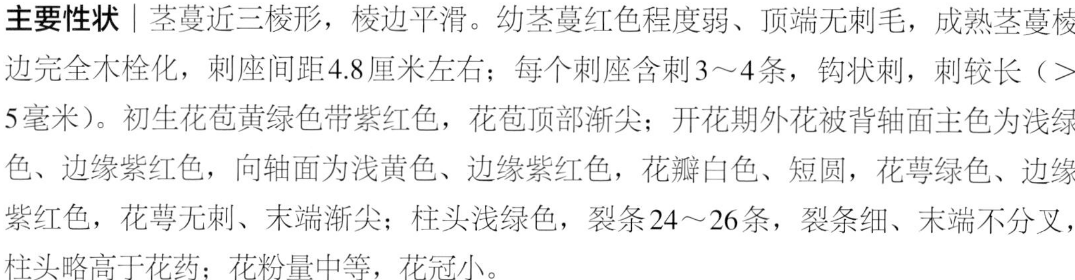

主要性状｜茎蔓近三棱形，棱边平滑。幼茎蔓红色程度弱、顶端无刺毛，成熟茎蔓棱边完全木栓化，刺座间距4.8厘米左右；每个刺座含刺3～4条，钩状刺，刺较长（>5毫米）。初生花苞黄绿色带紫红色，花苞顶部渐尖；开花期外花被背轴面主色为浅绿色、边缘紫红色，向轴面为浅黄色、边缘紫红色，花瓣白色、短圆，花萼绿色、边缘紫红色，花萼无刺、末端渐尖；柱头浅绿色，裂条24～26条，裂条细、末端不分叉，柱头略高于花药；花粉量中等，花冠小。

果实长椭圆形，果萼向外卷曲、26～30片。果皮暗红色，果肉玫红色，单果重210克，可溶性固形物含量13.1%～14.1%。清甜，水分充足，略带青草味。

综合评价｜该品种自花不亲和，可溶性固形物含量高，略带青草味，品质受季节影响小。

整株

茎蔓
正面花
刺座
花蕾
大花苞
青果
侧面花
成熟果
切果
5 cm

莲龙2号 Lianlong No.2

来源｜在广东省广州市、浙江省金华市少量种植。

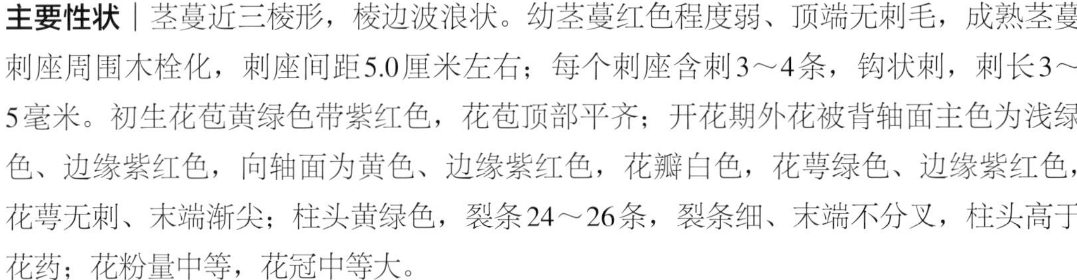

主要性状｜茎蔓近三棱形，棱边波浪状。幼茎蔓红色程度弱、顶端无刺毛，成熟茎蔓刺座周围木栓化，刺座间距5.0厘米左右；每个刺座含刺3～4条，钩状刺，刺长3～5毫米。初生花苞黄绿色带紫红色，花苞顶部平齐；开花期外花被背轴面主色为浅绿色、边缘紫红色，向轴面为黄色、边缘紫红色，花瓣白色，花萼绿色、边缘紫红色，花萼无刺、末端渐尖；柱头黄绿色，裂条24～26条，裂条细、末端不分叉，柱头高于花药；花粉量中等，花冠中等大。

果实圆球形，果萼外翻、14～16片。果皮暗粉色，果肉紫红色，单果重500克，可溶性固形物含量11.3%～13.8%。肉质沙爽、微酸。

综合评价｜该品种自花不亲和，果大，品质中等。

整株

茎蔓
正面花
刺座
花蕾
侧面花
大花苞
青果
成熟果
切果
5 cm

英红龙 Yinghonglong

来源｜在广东省清远市英德市等地少量种植。

主要性状｜茎蔓近三棱形，棱边平滑、木栓化。幼茎蔓红色程度弱、顶端无刺毛，成熟茎蔓刺座间距5.0厘米左右；钩状刺，刺少（2～3条）且短（≤2毫米）。初生花苞黄绿色、边缘紫红色，花苞顶部尖；开花期外花被背轴面主色为黄绿色、花被尖部粉红色，向轴面为浅黄色、边缘红色，花瓣乳白色，花萼绿色、边缘紫红色，花萼无刺、末端渐尖；柱头淡黄色，裂条28～30条，裂条粗、末端不分叉，柱头与花药平齐；花粉量多，花冠中等大。

果实圆球形，果萼外翻、18～20片，成熟时萼片绿色。果皮粉红色，果肉紫红色，单果重320克，可溶性固形物含量12.4%。清甜，水分充足，种子脆。

综合评价｜该品种为中大果型，果皮色泽艳丽，品质优良，自花结实。

整株

茎蔓
刺座
花蕾
大花苞
正面花
侧面花
青果
5 cm
成熟果
切果

长龙 Changlong

来源｜从台湾地区引种，在广东、广西、云南等省区均有少量种植。

主要性状｜茎蔓近三棱形，棱边锯齿状。幼茎蔓红色程度弱、顶端无刺毛，成熟茎蔓棱边无木栓化，刺座间距3.3厘米左右；针状刺，刺多（>5条）且长（>5毫米）。初生花苞黄绿色带点紫红色，花苞顶部渐尖；开花期外花被背轴面主色为浅绿色、边缘紫红色，向轴面为浅黄色、边缘紫色，花瓣乳白色、短、边缘褶皱，花萼绿色、边缘紫红色，花萼无刺、末端渐尖；柱头黄绿色，裂条20～24条，裂条短、粗、末端不分叉，柱头高于花药；花粉量中等，花冠小。

果实长椭圆形，果萼外张、24～26片，果实基部萼片退化。果皮红色、色泽亮，果肉红色，单果重350克，可溶性固形物含量12.9%～14.4%。肉质细软，清甜，种子大。

综合评价｜该品种自花不亲和，中大果型，果皮色泽亮，品质优良。

整株

茎蔓
刺座
花蕾
大花苞
正面花
侧面花
青果
成熟果
切果
5 cm

巨龙 Julong

来源｜从台湾地区引种，主要在广东、广西、云南等省区少量种植。

主要性状｜茎蔓近三棱形，棱边锯齿状。幼茎蔓红色程度弱、顶端无刺毛，成熟茎蔓背阳面附着呈片状的粉状物，刺座下部木栓化，刺座间距3.8厘米左右；钩状刺，刺多（>5条）且长（>5毫米）。初生花苞黄绿色带紫红色，花苞顶部平齐；开花期外花被背轴面主色为绿色、边缘紫红色，向轴面为浅黄色，花瓣白色，花萼绿色、边缘紫红色，花萼无刺、末端渐尖；柱头黄绿色，裂条22～24条，柱头裂条细、末端不分叉，柱头略高于花药；花粉量多，花冠中等大。

果实长椭圆形，果萼外翻、24～28片。果皮红色，果肉深红色，单果重400克，可溶性固形物含量9.7%。肉质软滑，偏酸，种子大且多。

综合评价｜该品种自花不亲和，果大，果皮色泽艳丽，果肉偏酸。

整株

茎蔓
刺座
花蕾
大花苞
正面花
侧面花
青果
成熟果
切果
5 cm

云龙 Yunlong

来源｜从台湾地区引种，在广东、广西、云南、浙江等省区均有少量种植。

主要性状｜茎蔓近三棱形，棱边波浪状。幼茎蔓红色程度弱、顶端无刺毛，成熟茎蔓刺座周围木栓化，刺座间距4.3厘米左右；每个刺座含刺2～3条，针状刺，刺长4～5毫米。初生花苞黄绿色带紫红色，花苞顶部渐尖；开花期外花被背轴面主色为浅绿色、边缘紫红色，向轴面为浅黄色，花瓣白色，花萼绿色、边缘紫红色，花萼无刺，末端尖；柱头黄绿色，裂条22～24条，柱头裂条细、末端不分叉，柱头与花药平齐；花粉量中等，花冠中等大。

果实圆球形，果萼外翻、27～29片。果皮粉红色，果肉红色，单果重445克，可溶性固形物含量12.1%～16.5%。肉质紧实、清甜，有香气，种子少。

综合评价｜该品种自花不亲和，果大，品质优良，有香气。

整株

茎蔓
刺座
花蕾
大花苞
正面花
侧面花
成熟果
青果
切果
5 cm

大红袍 Dahongpao

来源｜从台湾地区引种，在广东、广西、云南等省区均有少量种植。

主要性状｜茎蔓近三棱形，棱边平滑、无木栓化，整株茎蔓表面覆盖散点状粉状物。幼茎蔓浅绿色、顶端无刺毛，成熟茎蔓刺座带刺毛，刺座间距3.5厘米左右；钩状刺，刺多（＞5条）且长（＞5毫米）。初生花苞黄绿色带紫红色，花苞顶部平齐；开花期外花被背轴面主色为浅绿色、边缘紫红色，向轴面为浅黄色、边缘粉红色，花瓣乳白色，花萼绿色、边缘紫红色，花萼无刺、末端渐尖；柱头淡黄色，裂条18～20条，裂条粗、末端不分叉，柱头高于花药；花粉量中等，花冠小。

果实圆球形，果萼退化。果皮暗红色，果肉深红色，单果重350克，可溶性固形物含量11.7%～12.3%。皮厚，酸甜可口，种子大且少。

综合评价｜该品种自花不亲和，中大果型，果皮厚，果肉酸甜可口，种子大且少。

整株

茎蔓
刺座
花蕾
大花苞
正面花
侧面花
成熟果
青果
切果
5 cm

光明红 Guangminghong

来源｜从台湾地区引种，在广东、广西、云南等省区均有少量种植。

主要性状｜茎蔓近三棱形，棱边波浪状。幼茎蔓红色程度弱、顶端无刺毛，成熟茎蔓刺座周围木栓化，刺座间距4.5厘米左右；每个刺座含刺2～4条，针状刺，刺长2～5毫米。初生花苞黄绿色带紫红色，花苞顶部渐尖；开花期外花被背轴面主色为浅绿色、边缘紫色，向轴面为浅黄色、边缘紫红色，花瓣白色，花萼绿色、边缘紫红色，花萼无刺、末端尖；柱头黄绿色，裂条20～22条，裂条粗、末端不分叉，柱头高于花药；花粉量中等，花冠小。

果实椭圆形，果萼紧贴果皮，萼片26～28片。果皮红色，果肉玫红色，单果重320克，可溶性固形物含量10.7%～13.3%。肉质细软、清甜。

综合评价｜该品种自花不亲和，中果型，品质中等。

整株

茎蔓
正面花
刺座
花蕾
侧面花
大花苞
青果
成熟果
切果
5 cm

无刺 Wuci

来源｜在浙江省金华市等地少量种植。

主要性状｜茎蔓近三棱形，棱边波浪状、完全木栓化。幼茎蔓红色程度中等、顶端无刺毛，刺座间距4.2厘米左右；针状刺，刺少（0～1条）且短（≤2毫米）。初生花苞黄绿色带紫红色，花苞顶部圆；开花期外花被背轴面主色为浅绿色、边缘紫红色，向轴面为浅黄色，花瓣白色、花瓣尖端圆，花似雏菊，花萼绿色、边缘紫红色，花萼无刺、末端渐尖；柱头淡黄色，裂条23～25条，裂条弯曲、粗、末端分叉，柱头明显高于花药；花粉量中等，花冠中等大。

果实椭圆形，果萼外翻、18～22片。果皮红色，果肉红色，单果重370克，可溶性固形物含量8.4%～11.6%。肉质紧实，微酸，种子多且小。

综合评价｜该品种需人工授粉，刺极少且短，品质一般。

整株

茎蔓　正面花　刺座　花蕾　大花苞　青果　侧面花　成熟果　切果

红绣球1号 Hongxiuqiu No.1

来源｜从台湾地区引种，在广东、广西、云南等省区均有少量种植。

主要性状｜茎蔓近三棱形，棱边锯齿状。幼茎蔓红色程度弱、顶端无刺毛，成熟茎蔓刺座周围木栓化，刺座间距3.0厘米左右；针状刺，刺多（>5条）且较长（>5毫米）。初生花苞绿色，花苞顶部渐尖；开花期外花被背轴面主色为浅绿色、边缘紫红色，向轴面为浅黄色、边缘粉红色，花瓣白色，花萼绿色、边缘紫红色，花萼无刺、末端渐尖；柱头黄色，裂条18～20条，裂条短、粗、末端分叉，柱头高于花药；花粉量中等，花冠小。

果实椭圆形，果萼向外卷曲、26～30片。果皮红色、有光泽，果肉红色，单果重416克，可溶性固形物含量9.2%～10.8%。偏酸，水分少，种子大，耐贮运。

综合评价｜该品种自花不亲和，果大，外观色泽艳丽，口感差。

整株

茎蔓
刺座
花蕾
大花苞
正面花
侧面花
切果
5 cm

红绣球2号 Hongxiuqiu No.2

来源｜从台湾地区引种，在广东、广西、云南等省区均有零星种植。

主要性状｜茎蔓近三棱形，棱边锯齿状。幼茎蔓红色程度弱、顶端无刺毛，成熟茎蔓刺座周围木栓化，刺座间距3.2厘米左右；针状刺，刺多（>5条）且长（>5毫米）。初生花苞浅绿色，花苞顶部渐尖；开花期外花被背轴面主色为黄绿色、花被尖端紫红色，向轴面为黄色、边缘粉红色，花瓣白色，花萼绿色、边缘紫红色，花萼无刺、末端渐尖；柱头浅黄色，裂条20～22条，裂条粗、末端分叉，柱头高于花药；花粉量中等，花冠小。

果实圆球形，果萼向外卷曲，果实基部萼片退化，萼片20～22片。果皮红色、有光泽，果肉浅红色，单果重350克，可溶性固形物含量11.2%～12.8%。外观像绣球，果肉汁少，味淡，种子大。

综合评价｜该品种自花不亲和，中大果型，外观色泽艳丽，品质一般。

整株

整株

茎蔓
刺座
花蕾
大花苞
正面花
侧面花
青果
成熟果
切果
5 cm

越南2号 Yuenan No.2

来源｜从越南引种，在广东省广州市、惠州市惠东县等地少量种植。

主要性状｜茎蔓近三棱形，棱边波浪状、完全木栓化。幼茎蔓红色程度弱、顶端无刺毛，刺座间距4.5厘米左右；每个刺座含刺3～4条，钩状刺，刺长2～3毫米。初生花苞黄绿色带紫红色，花苞顶部渐尖；开花期外花被背轴面主色为浅绿色、边缘紫红色，向轴面为浅黄色，花瓣白色，花萼绿色、尖端紫红色，花萼无刺、末端渐尖；柱头淡黄色，裂条16～18条，裂条细、末端分叉，柱头略高于花药；花粉量中等，花冠中等大。

果实椭圆形，果萼外翻、22～24片，成熟时萼片绿色。果皮粉红色，果肉颜色内白外粉，单果重260克，可溶性固形物含量9.8%～13.4%。肉质紧实，水分足。

综合评价｜该品种自花亲和，中果型，肉质紧实，品质中等。

整株

茎蔓
刺座
花蕾
大花苞
正面花
侧面花
青果
成熟果
切果
5 cm

越南3号 Yuenan No.3

来源｜从越南引种，在广东省广州市少量种植。

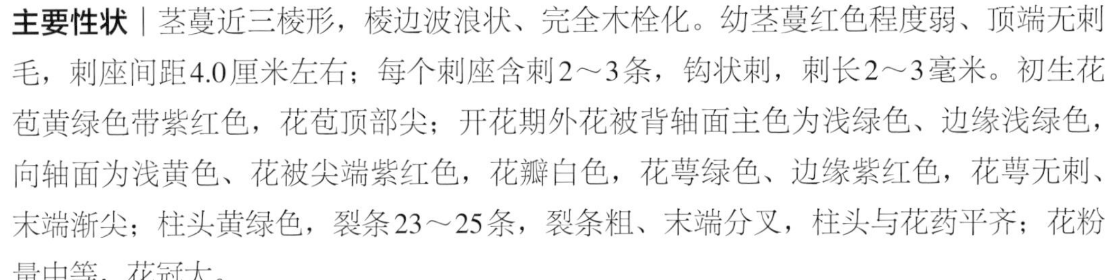

主要性状｜茎蔓近三棱形，棱边波浪状、完全木栓化。幼茎蔓红色程度弱、顶端无刺毛，刺座间距4.0厘米左右；每个刺座含刺2～3条，钩状刺，刺长2～3毫米。初生花苞黄绿色带紫红色，花苞顶部尖；开花期外花被背轴面主色为浅绿色、边缘浅绿色，向轴面为浅黄色、花被尖端紫红色，花瓣白色，花萼绿色、边缘紫红色，花萼无刺、末端渐尖；柱头黄绿色，裂条23～25条，裂条粗、末端分叉，柱头与花药平齐；花粉量中等，花冠大。

果实长椭圆形，果萼微张、24～26片。果皮红色，果肉红色，单果重280克，可溶性固形物含量9.5%～14.6%。肉质紧实，水分中等，略带青草味。

综合评价｜该品种自花结实，品质中上，略带青草味。

整株

茎蔓
正面花
刺座
花蕾
大花苞
青果
侧面花
成熟果
切果
5 cm

越南4号 Yuenan No.4

来源｜从越南引进，在广东省广州市少量种植。

主要性状｜茎蔓近三棱形，棱边波浪状、完全木栓化。幼茎蔓红色程度弱、顶端无刺毛，刺座间距5.0厘米左右；每个刺座含刺2～3条，钩状刺，长2～3毫米。初生花苞黄绿色带紫红色，花苞顶部渐尖；开花期外花被背轴面主色为浅绿色、边缘紫红色，向轴面为浅黄色、边缘粉红色，花瓣白色，花萼绿色、边缘紫红色，花萼无刺、末端渐尖；柱头黄绿色，裂条23～26条，裂条短粗、末端分叉，柱头略高于花药；花粉量多，花冠大。

果实椭圆形，果萼外翻、26～28片，萼片长而宽，不易枯萎。果皮、果肉均红色，单果重257克，可溶性固形物含量7.4%～13.9%。肉质紧实，清甜，水分充足，种子大。

综合评价｜该品种自花亲和，小果型，果皮外观好，成熟时萼片绿色、不易枯萎。

整株

茎蔓
正面花
刺座
花蕾
大花苞
青果
侧面花
成熟果
5 cm
切果

越南5号 Yuenan No.5

来源｜从越南引种，在广东省广州市增城区、从化区，湛江市少量种植。

主要性状｜茎蔓近三棱形，棱边波浪状、完全木栓化。幼茎蔓红色程度弱、顶端无刺毛，刺座间距6.0厘米左右；每个刺座含刺2～3条，钩状刺，刺长1～2毫米。初生花苞黄绿色带紫红色，花苞顶部尖；开花期外花被背轴面主色为浅绿色、花被尖端紫红色，向轴面为浅黄色，花瓣白色，花萼绿色，边缘紫红色，花萼无刺、末端圆钝；柱头黄绿色，裂条28～30条，裂条细、末端分叉，柱头略高于花药；花粉量中等，花冠中等大。

果实椭圆形，果萼外翻、22～26片。果皮浅粉红色，果肉紫红色，单果重260克，可溶性固形物含量12.6%～14.5%。肉质爽脆，甜度高，略带青草味。

综合评价｜该品种自花亲和，可溶性固形物含量高，略带青草味。

整株

茎蔓
正面花
刺座
花蕾
大花苞
青果
侧面花
成熟果
5 cm
切果

越南6号 Yuenan No.6

来源｜从越南引种，在广东省广州市少量种植。

主要性状｜茎蔓近三棱形，棱边波浪状。幼茎蔓红色程度弱、顶端无刺毛，成熟茎蔓刺座周围木栓化，刺座间距5.4厘米左右；每个刺座含刺2～3条，钩状刺，刺长3～4毫米。初生花苞黄绿色带紫红色，花苞顶部尖；开花期外花被背轴面主色为浅绿色、边缘紫红色，向轴面为浅黄色、边缘粉红色，花瓣白色，花萼绿色、边缘紫色，花萼无刺、末端尖；柱头黄绿色，裂条22～24条，裂条粗、末端不分叉，柱头与花药平齐；花粉量多，花冠大。

果实长椭圆形，果萼外张、22～24片。果皮紫红色，果肉紫红色，单果重400克，可溶性固形物含量13.5%～14.3%。肉质软滑、清甜，种子小且多。

综合评价｜该品种自花不亲和，果大，品质优良。

整株

茎蔓
刺座
花蕾
大花苞
正面花
侧面花
成熟果
青果
5 cm
切果

越南7号 Yuenan No.7

来源｜从越南引种，在广东省广州市、江门市、中山市少量种植。

主要性状｜茎蔓近三棱形，棱边平滑。幼茎蔓红色程度弱、顶端无刺毛，成熟茎蔓刺座周围木栓化、带刺毛，刺座间距4.5厘米左右；每个刺座含刺2～3条，钩状刺，刺长2～3毫米。初生花苞黄绿色带紫红色，花苞顶部尖；开花期外花被背轴面主色为浅绿色、边缘紫红色，向轴面为浅黄色、边缘紫红色，花瓣白色，花萼绿色、边缘紫红色，花萼无刺、末端尖；柱头黄绿色，裂条22～24条，裂条粗、末端分叉，柱头与花药平齐；花粉量中等，花冠大。

果实圆球形，果萼外翻、26～30片，萼片短且小。果皮、果肉均为紫红色，单果重380克，可溶性固形物含量13.0%。水分多，清甜，肉质中等。

综合评价｜该品种自花结实率高，果大，品质优良。

整株

茎蔓
正面花
刺座
花蕾
大花苞
青果
侧面花
成熟果
5 cm
切果

从4 Cong No.4

来源｜在广东省广州市从化区少量种植。

主要性状｜茎蔓近三棱形，棱边锯齿状。幼茎蔓红色程度弱、顶端无刺毛，成熟茎蔓刺座周围木栓化，刺座间距4.5厘米左右；每个刺座含刺3～5条，钩状刺，刺长4～5毫米。初生花苞浅黄绿色、边缘粉红色，花苞顶部尖，苞片外张；开花期外花被背轴面主色为浅黄绿色、尖部玫红色，向轴面为黄色、尖部紫红色，花瓣白色、花萼黄绿色、边缘紫红色，花萼无刺、末端渐尖；柱头浅黄色，裂条24～28条，裂条粗、末端不分叉，柱头略高于花药；花粉量中等，花冠中等大。

果实圆球形，果萼微张、23～25片。果皮红色、有光泽，果肉玫红色，单果重265克，可溶性固形物含量11.9%。肉质沙爽，水分充足，微甜。

综合评价｜该品种树势中等，自花不亲和，果皮色泽亮，品质中等。

整株

茎蔓 正面花 刺座 花蕾 大花苞 青果 侧面花 成熟果 切果

从6 Cong No.6

来源｜在广东省广州市从化区少量种植。

主要性状｜茎蔓近三棱形，棱边波浪状、无木栓化。幼茎蔓红色程度弱、顶端无刺毛，成熟茎蔓刺座间距5.0厘米左右；每个刺座含刺3～4条，钩状刺，刺长2～3毫米。初生花苞黄绿色带紫红色，花苞顶部尖；开花期外花被背轴面主色为浅绿色、边缘紫红色，向轴面为浅黄色，花瓣白色，花萼绿色、边缘紫红色，花萼无刺、末端尖；柱头黄绿色，裂条28～30条，裂条末端不分叉，柱头高于花药；花粉量中等，花冠中等大。

果实椭圆形，果萼外翻、16～18片。果皮鲜红色，果肉玫红色，单果重208克，可溶性固形物含量12.8%。风味淡，微香。

综合评价｜该品种自花不亲和，果小，品质一般。

整株

茎蔓
正面花
刺座
花蕾
侧面花
大花苞
青果
成熟果
切果
5 cm

从22 Cong No.22

来源｜在广东省广州市从化区少量种植。

主要性状｜茎蔓近三棱形，棱边波浪状。幼茎蔓红色程度弱、顶端无刺毛，成熟茎蔓刺座周围木栓化，刺座间距4.8厘米左右；每个刺座含刺3～4条，钩状刺，刺长3～4毫米。初生花苞黄绿色、边缘紫红色，花苞顶部尖，苞片外张；开花期外花被背轴面主色为浅黄绿色、尖部玫红色，向轴面为浅黄色，边缘白色，花瓣白色、花萼绿色、边缘紫红色，花萼无刺、末端渐尖；柱头浅黄色，裂条28～30条，裂条细、末端不分叉，柱头略高于花药；花粉量中等，花冠中等大。

果实圆球形，果萼外张、22～24片。果皮紫红色，果肉紫红色，单果重400克，可溶性固形物含量12.5%。肉质紧实，水分充足，微香，种子大。

综合评价｜该品种树势中等，自花不亲和，大果型，品质中等。

整株

茎蔓
刺座
花蕾
大花苞
正面花
侧面花
5 cm
切果
青果
成熟果

从28 Cong No.28

来源｜在广东省广州市从化区少量种植。

主要性状｜茎蔓近三棱形，棱边波浪状。幼茎蔓红色程度弱、顶端有刺毛，成熟茎蔓刺座周围木栓化，刺座间距4.3厘米左右；每个刺座含刺2～3条，钩状刺，刺长2～3毫米。初生花苞浅黄绿色、边缘紫红色，花苞顶部尖；开花期外花被背轴面主色为浅黄绿色、边缘紫红色，向轴面为浅黄色，尖部紫红色，花瓣白色，花萼浅黄绿色、边缘紫红色，花萼无刺、末端渐尖；柱头浅黄色，裂条24～27条，裂条细、末端不分叉，柱头与花药平齐；花粉量中等，花冠小。

果实圆球形，果萼向外翻卷，萼片宽、稀少（16～18片）。果皮浅红色，果肉玫红色，单果重270克，可溶性固形物含量12.8%。肉质软滑，水分中等，微甜。

综合评价｜该品种树势中等，自花不亲和，中果型，品质中等。

整株

茎蔓

正面花

刺座

花蕾

大花苞

青果

侧面花

成熟果

切果

从32 Cong No.32

来源｜在广东省广州市从化区少量种植。

主要性状｜茎蔓近三棱形，棱边波浪状、无木栓化。幼茎蔓红色程度弱、顶端无刺毛，刺座间距4.3厘米左右；每个刺座含刺2～3条，钩状刺，刺长2～3毫米。初生花苞黄绿色带紫红色，花苞顶部尖；开花期外花被背轴面主色为浅绿色、边缘紫红色，向轴面为浅黄色，边缘紫红色，花瓣白色、花萼绿色、边缘紫红色，花萼无刺、末端渐尖；柱头黄绿色，裂条26～28条，裂条细、末端不分叉，柱头高于花药；花粉量中等，花冠中等大。

果实椭圆形，果萼向外翻卷、26～28片。果皮紫红色，果肉紫红色，单果重376克，可溶性固形物含量11.8%。肉质紧实，酸甜，水分中等，有玫瑰香味。

综合评价｜该品种树势中等，自花不亲和，中大果型，品质中等。

整株

茎蔓
正面花
刺座
花蕾
侧面花
大花苞
青果
成熟果
切果
5 cm

从34 Cong No.34

来源｜在广东省广州市从化区少量种植。

主要性状｜茎蔓近三棱形，棱边锯齿状。幼茎蔓红色程度弱、顶端无刺毛，成熟茎蔓刺座周围木栓化，刺座间距3.8厘米左右；钩状刺，刺少（1～2条），刺长2～3毫米。初生花苞黄绿色、边缘紫红色，花苞顶部尖，苞片微外张；开花期外花被背轴面主色为浅黄绿色，向轴面为浅黄色，尖部紫红色，花瓣白色、花萼绿色、中上部边缘紫红色，花萼无刺、末端渐尖；柱头黄绿色，裂条24～26条，裂条粗、末端不分叉，柱头高于花药；花粉量中等，花冠小。

果实扁圆形，果萼外翻、24～26片，成熟时萼片边缘呈绿色。果皮紫红色、有光泽，果肉紫红色，单果重286克，可溶性固形物含量11.6%。肉质软滑，水分中等，微甜。

综合评价｜该品种树势中等，自花不亲和，中果型，果皮有光泽，品质中等。

整株

茎蔓 正面花 刺座 花蕾 大花苞 青果 侧面花 成熟果 切果

无刺黄龙 Wucihuanglong

来源｜从以色列引种，国内各火龙果主产区均有少量种植。

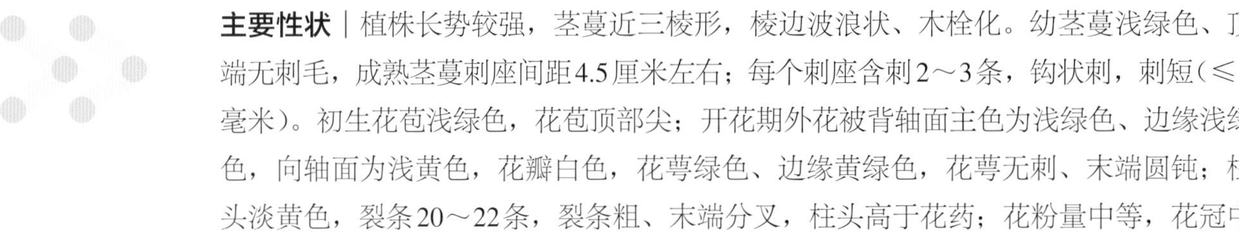

主要性状｜植株长势较强，茎蔓近三棱形，棱边波浪状、木栓化。幼茎蔓浅绿色、顶端无刺毛，成熟茎蔓刺座间距4.5厘米左右；每个刺座含刺2～3条，钩状刺，刺短（≤2毫米）。初生花苞浅绿色，花苞顶部尖；开花期外花被背轴面主色为浅绿色、边缘浅绿色，向轴面为浅黄色，花瓣白色，花萼绿色、边缘黄绿色，花萼无刺、末端圆钝；柱头淡黄色，裂条20～22条，裂条粗、末端分叉，柱头高于花药；花粉量中等，花冠中等大。

果实歪椭圆形，果萼外翻、18～20片。果皮浅黄色、有光泽，果肉白色，单果重400克，可溶性固形物含量11.5%～13.8%。肉质爽脆，偏酸。

综合评价｜该品种树势旺盛，根系发达，果大，果皮颜色特殊，需人工授粉。

整株

茎蔓
正面花
刺座
花蕾
侧面花
大花苞
青果
成熟果
切果
5 cm

巴西黄 Baxihuang

来源｜从巴西引种，在广东、浙江等省少量种植。

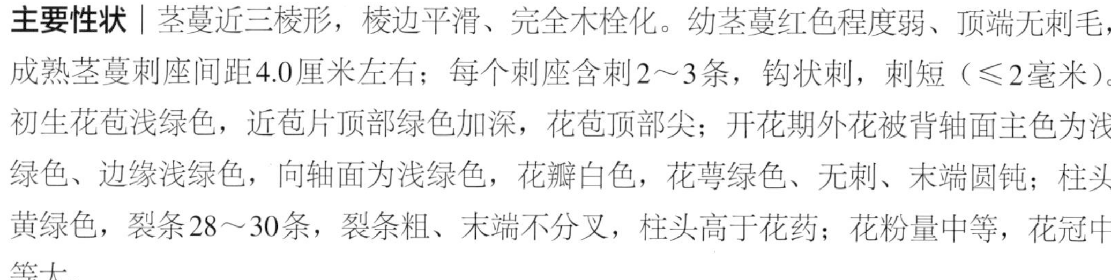

主要性状｜茎蔓近三棱形，棱边平滑、完全木栓化。幼茎蔓红色程度弱、顶端无刺毛，成熟茎蔓刺座间距4.0厘米左右；每个刺座含刺2～3条，钩状刺，刺短（≤2毫米）。初生花苞浅绿色，近苞片顶部绿色加深，花苞顶部尖；开花期外花被背轴面主色为浅绿色、边缘浅绿色，向轴面为浅绿色，花瓣白色，花萼绿色、无刺、末端圆钝；柱头黄绿色，裂条28～30条，裂条粗、末端不分叉，柱头高于花药；花粉量中等，花冠中等大。

果实歪椭圆形，果萼紧贴果皮，果实基部萼片退化变短，萼片20～22片。果皮浅黄色、近果实基部颜色渐变成浅绿色，果肉白色透明，单果重410克，可溶性固形物含量12.4%～14.4%。肉质丝滑、清甜，种子少、大。

综合评价｜该品种自花不亲和，果大，果皮颜色特殊，品质优良。

整株

茎蔓
正面花
刺座
花蕾
侧面花
大花苞
切果
5 cm
成熟果
5 cm

燕窝果 Yanwoguo

来源｜从哥伦比亚引种，在广东、广西、海南、云南等省区均有种植。

主要性状｜茎蔓近三棱形，棱边平滑、刺座突出。幼茎蔓红色程度弱、顶端无刺毛，成熟茎蔓刺座周围木栓化，刺座间距4.0厘米左右；每个刺座含刺3～4条，钩状刺，刺长3～4毫米。花苞、花萼、外花被有光泽，初生花苞黄绿色、中上部带紫红色，花苞顶部尖；开花期外花被背轴面主色为浅绿色、边缘紫红色，向轴面为浅黄色、边缘紫红色，花瓣白色，花萼绿色、边缘紫红色，花萼筒长、有刺、末端渐尖；柱头黄绿色，裂条18～20条，裂条粗、末端不分叉，柱头与花药平齐；花粉量中等，花冠中等大。果实椭圆形或圆球形，萼片退化成小突出状、上面着生刺，果熟时刺易脱落。果皮黄色，果肉白色，单果重300克，可溶性固形物含量15.0%～21.0%。肉质爽滑、多汁、蜜甜，种子大。

综合评价｜该品种生长周期长，从谢花至成熟需3～4个月；自花亲和，中大果型，品质极优，抗病、耐寒性差。

整株

茎蔓 正面花 刺座 花蕾 大花苞 青果 侧面花 成熟果 切果

黄麒麟 Huangqilin

来源｜从厄瓜多尔引种，在广东、广西、海南等省区均有零星种植。

主要性状｜茎蔓近三棱形，棱边锯齿状。幼茎蔓浅绿色、顶端无刺毛，成熟茎蔓刺座周围木栓化，刺座间距4.0厘米左右；每个刺座含刺2～3条，锥状刺，刺长3～4毫米。花苞、花萼、外花被光泽暗淡，初生花苞黄绿色带紫红色，花苞顶部渐尖；开花期外花被背轴面主色为黄褐色，向轴面为浅黄色，花瓣白色，花萼黄绿色、尖端紫红色，花萼有刺、末端渐尖；柱头黄绿色，裂条17～20条，裂条粗、末端不分叉，柱头略高于花药；花粉量中等，花冠小。

果实长椭圆形，果萼42～46片，萼片短小，萼片内着生刺、果实成熟后刺易脱落。果皮黄色，果肉白色，单果重190克，可溶性固形物含量15.0%～23.0%。肉质爽滑、清甜，种子大。

综合评价｜该品种生长周期长，从谢花至成熟需3～4个月；品质极优，果小、产量低，易感病，需异花授粉。

整株

茎蔓
刺座
花蕾
大花苞
正面花
侧面花
5 cm
切果
青果

红麒麟 Hongqilin

来源｜在广东、广西、海南等省区均有零星种植。

主要性状｜茎蔓近三棱形，棱边锯齿状。幼茎蔓红色程度弱、顶端有刺毛，成熟茎蔓刺座周围木栓化、带刺毛，刺座间距4.0厘米左右；每个刺座含刺2～3条，锥状刺，刺短（≤2毫米）。初生花苞灰绿色，苞片中上部红棕色，花苞顶部渐尖；开花期外花被背轴面主色为红棕色，向轴面为黄色、边缘红棕色，花瓣乳白色、顶端圆，花萼筒长、黄绿色，局部呈红棕色，花萼有刺、末端渐尖；柱头黄绿色，裂条20～22条，裂条粗、末端不分叉，柱头略低于花药；花粉量少，花冠小。

果实长椭圆形，果萼43～46片，萼片短、小，萼片内着生刺，果实成熟后刺易脱落。果皮橘粉色，果肉粉红色，单果重190克，可溶性固形物含量15.0%～23.0%。肉质爽滑，不易流汁，种子大。

综合评价｜该品种树势中等，果小，品质佳，需异花授粉。

整株

茎蔓　正面花　刺座　花蕾　侧面花　大花苞　青果　成熟果　切果

黑龙果 Heilongguo

来源｜在广东、广西、海南等省区均有少量种植。

主要性状｜茎蔓近圆柱形，棱边平滑。幼茎蔓红色程度强、顶端有刺毛，成熟茎蔓刺座面积小、周围木栓化、带刺毛，刺座间距3.4厘米左右；每个刺座含刺2～4条，钩状刺，刺短（≤2毫米）。初生花苞红色，花苞顶部渐尖；开花期外花被背轴面主色为浅红色、边缘粉红色，向轴面为黄色、边缘粉红色，花瓣乳白色、花萼暗红色，花萼筒细长、有刺、呈灰红色，末端渐尖；柱头淡乳黄色，裂条17～19条，裂条粗、末端不分叉，柱头高于花药；花粉量少，花冠小。

果实圆球形，果萼30～32片，萼片从果顶向基部逐渐退化，萼片内部着生刺，成熟时易脱落。果皮暗红色，果肉红色，有光泽，单果重180克，可溶性固形物含量11.4%～12.3%。肉质爽滑、水分中等，种子大。

综合评价｜该品种自花不亲和，果小，品质中等。

整株

花蕾

茎蔓
刺座
花蕾
正面花
侧面花
青果
切果
5 cm
大花苞

青皮1号 Qingpi No.1

来源｜在广东、广西、海南、浙江等省区均有少量种植。

主要性状｜茎蔓近三棱形，棱边波浪状。幼茎蔓红色程度弱、顶端无刺毛，成熟茎蔓刺座无木栓化，刺座间距4.5厘米左右；钩状刺，刺少（<2条）且短（<2毫米）。初生花苞紫红色，花苞顶部尖；开花期外花被背轴面主色为紫红色、边缘紫红色，向轴面为紫红色、边缘紫红色，花瓣紫红色、花萼绿色、边缘紫红色，花萼无刺、末端渐尖；柱头淡黄色，裂条19～22条，裂条末端分叉，柱头高于花药；花粉量少，花冠小。果实椭圆形，果萼外张、25～28片。果皮绿色，果肉白色，单果重220克，可溶性固形物含量14.6%。肉质稍脆，清甜，水分中等，具特殊香味。

综合评价｜该品种开花结实能力强，具早花性，品质优良，需要人工授粉。

整株

茎蔓
正面花
刺座
花蕾
大花苞
青果
侧面花
成熟果
切果
5 cm

青皮2号 Qingpi No.2

来源｜在广东省广州市少量种植。

主要性状｜茎蔓近三棱形，棱边波浪状。幼茎蔓红色程度弱、顶端无刺毛，成熟茎蔓刺座周围木栓化，刺座间距4.7厘米左右；针状刺，刺少（＜2条）且短（≤2毫米）。初生花苞黄绿色带红色，花苞顶部渐尖，苞片棱边平滑；开花期外花被背轴面主色为紫红色，向轴面为紫红色，花瓣短、浅紫色，花萼绿色、边缘紫红色，花萼无刺、末端尖；柱头淡黄色，裂条34～36条，裂条粗、末端不分叉，花丝极短、柱头明显高于花药；花粉量少，花冠大。

果实圆球形，果萼26～28片，萼片早期易断，成熟时萼片短且外张。果皮橘红色，果肉粉紫色，单果重268克，可溶性固形物含量12.4%。肉质爽脆、化渣，微甜。

综合评价｜该品种树势旺，花紫红色、果皮橘红色、果肉粉紫色，自花不亲和。

整株

茎蔓
刺座
花蕾
大花苞
正面花
侧面花
成熟果
青果
切果
5 cm

青红1号 Qinghong No.1

来源｜在广东、广西、海南、浙江等省区均有少量种植。

主要性状｜茎蔓近三棱形，棱边波浪状、完全木栓化。幼茎蔓红色程度弱、顶端无刺毛，成熟茎蔓刺座间距4.0厘米左右；每个刺座含刺3～4条，钩状刺，刺短（≤2毫米）。初生花苞浅绿色、边缘紫红色，花苞顶部渐尖；开花时花萼、外花被外翻下垂，外花被背轴面主色为浅褐色，向轴面主色为浅褐色、尖部白色，花瓣白色、花萼黄绿色、边缘紫红色，花萼无刺、末端渐尖；柱头淡黄绿色，裂条20～22条，裂条粗、末端不分叉，柱头高于花药；花粉量多，花冠中等大。

果实歪椭圆形，果萼外翻、20～23片。果皮绿色，果肉紫红色，单果重430克，可溶性固形物含量10.2%～12.3%。肉质中等，多汁，风味淡。

综合评价｜该品种自花亲和，果大，果皮、果肉颜色特殊，品质一般。

整株

茎蔓
刺座
花蕾
大花苞
正面花
侧面花
切果
5 cm
青果
成熟果
5 cm

青红2号 Qinghong No.2

来源｜在广东、广西、海南、浙江等省区均有少量种植。

主要性状｜茎蔓近三棱形，棱边波浪状。幼茎蔓红色程度弱、顶端无刺毛，成熟茎蔓刺座周围木栓化，刺座间距4.4厘米左右；每个刺座含刺3～4条，钩状刺，刺短（≤2毫米）。初生花苞黄绿色、尖部粉红色，花苞顶部渐尖；开花时花萼、外花被外翻下垂，外花被背轴面主色为绿色，向轴面主色为黄绿色、尖部红色，花瓣白色、花萼绿色、尖部紫红色，花萼无刺、末端渐尖；柱头淡黄色，裂条26～28条，裂条细、末端不分叉，柱头与花药平齐；花粉量多，花冠中等大。

果实椭圆形，果萼外翻、28～30片。果皮黄色、有光泽，果肉紫红色，单果重330克，可溶性固形物含量11.5%～12.6%。肉质软滑，成熟时中心易软烂。

综合评价｜该品种自花亲和，果皮颜色特殊，品质一般。

整株

茎蔓
刺座
花蕾
大花苞
正面花
侧面花
切果
5 cm
青果
成熟果

其他

粤果1号 Yueguo No.1

来源｜广东省农业科学院果树研究所从杂交群体中筛选出的优良单株。

主要性状｜茎蔓近四棱形，棱边锯齿状、完全木栓化。幼茎蔓红色程度弱、顶端无刺毛，成熟茎蔓刺座间距5.1厘米左右；每个刺座含刺2～3条，钩状刺，刺长2～4毫米。初生花苞黄绿色带紫红色，花苞顶部圆；开花期外花被背轴面主色为浅绿色、边缘紫红色，向轴面为浅黄色、边缘红色，花瓣白色，花萼绿色、边缘紫红色，花萼无刺、末端渐尖；柱头淡黄色，裂条22～24条，裂条粗、末端不分叉，柱头略高于花药；花粉量多，花冠中等大。

果实椭圆形，果萼微张或紧贴，萼片多（35～38片）。果皮浅红色，果肉粉色，单果重390克，可溶性固形物含量13.4%～15.2%。肉质绵细、入口即化，种子小，甜度适中，水分充足。

综合评价｜该单株成花坐果能力强，丰产稳产，自花结实率高，中大果型，果肉粉色，品质优良。

整株

茎蔓
正面花
刺座
花蕾
侧面花
大花苞
青果
成熟果
5 cm
切果
5 cm

粤果2号 Yueguo No.2

来源｜广东省农业科学院果树研究所从人工杂交群体中筛选出的特色单株。

主要性状｜茎蔓近三棱形，棱边波浪状、无木栓化。幼茎蔓红色程度弱、顶端无刺毛，成熟茎蔓刺座间距4.0厘米左右；每个刺座含刺2～5条，钩状刺，刺长2～5毫米。初生花苞黄绿色带紫红色，花苞顶部尖；开花期外花被背轴面主色为紫红色，向轴面为紫红色，花瓣紫红色，花萼绿色、边缘紫红色，花萼无刺、末端圆钝；柱头淡黄色，裂条20～22条，裂条粗、末端不分叉，柱头高于花药；花粉量中等，花冠中等大。

果实圆球形，果萼24～30片。果皮粉红色，果肉外玫红色内粉白色，单果重340克，可溶性固形物含量14.5%。口感沙，香甜多汁。

综合评价｜该单株自花亲和，果肉外玫红色内粉白色，品质优。

整株

茎蔓
花蕾
大花苞
刺座
正面花
侧面花
青果
5 cm
成熟果
5 cm
切果

粤果3号 Yueguo No.3

来源｜广东省农业科学院果树研究所从杂交群体中筛选出的优良单株。

主要性状｜茎蔓近三棱形，棱边波浪状、完全木栓化。幼茎蔓红色程度弱、顶端无刺毛，成熟茎蔓刺座间距4.3厘米左右；每个刺座含刺2～3条，钩状刺，刺长2～4毫米。初生花苞黄绿色带紫红色，花苞顶部尖；开花期外花被背轴面主色为浅绿色，向轴面为浅黄色、边缘紫红色，花瓣白色，花萼绿色、尖部紫红色，无刺、末端渐尖；柱头淡黄色，裂条24～26条，裂条细、末端不分叉，柱头与花药平齐；花粉量多，花冠大。果实长椭圆形，果萼微张、30～32片，成熟时萼片绿色。果皮粉红色、有光泽，果肉紫红色，单果重320克，可溶性固形物含量13.4%～15.2%。肉质粉糯、清甜。

综合评价｜该单株成花坐果能力强，丰产稳产，中果型，品质极优，自花结实率高。

整株

茎蔓
刺座
花蕾
大花苞
正面花
侧面花
切果
5 cm
青果
成熟果

粤果4号 Yueguo No.4

来源｜广东省农业科学院果树研究所从杂交群体中筛选出的优良单株。

主要性状｜茎蔓近三棱形，棱边波浪状。幼茎蔓红色程度中等、顶端无刺毛，成熟茎蔓刺座周围木栓化，刺座间距3.5厘米左右；每个刺座含刺2～4条，针状刺，刺长2～3毫米。初生花苞黄绿色，苞片尖呈浅红色，花苞顶部尖；开花期外花被背轴面主色为浅绿色、向轴面为浅黄色，花瓣短、白色，花瓣边缘尖，花萼绿色、尖部淡红色，花萼无刺、末端渐尖；柱头淡黄色，裂条20～22条，裂条粗、末端分叉，花柱、花丝短，柱头与花药平齐；花粉量少，花冠小。

果实圆球形，果萼紧贴果皮、20～22片。果皮浅粉色，果肉粉色，单果重320克，可溶性固形物含量12.3%～14.6%。肉质沙、入口即化，水分充足。

综合评价｜该单株成花坐果能力强，中果型，果肉粉色，品质优良，自花结实率高。

整株

茎蔓
刺座
花蕾
大花苞
正面花
侧面花
青果
切果
5 cm
成熟果
5 cm

粤果5号 Yueguo No.5

来源｜广东省农业科学院果树研究所从杂交群体中筛选出的优良单株。

主要性状｜茎蔓近三棱形，棱边锯齿状。幼茎蔓红色程度强、顶端有刺毛，成熟茎蔓刺座周围木栓化，刺座间距2.8厘米左右；每个刺座含刺3～5条，针状刺，刺长（＞5毫米）。初生花苞红色，花苞顶部平齐；开花期外花被背轴面主色为红色，向轴面为黄色、花被边缘红色，花瓣乳白色，花萼红色、近萼片基部呈浅绿色，花萼筒长、有刺、末端尖；柱头淡黄色，裂条16～18条，裂条短粗、末端不分叉，柱头与花药平齐；花粉量多，花冠中等大。

果实圆球形，果萼紧贴或微张，萼片短且多（35～38片）、萼片内侧着生刺。果皮粉红色，果肉玫红色，单果重310克，可溶性固形物含量15.5%。肉质爽脆、浓甜，水分充足。

综合评价｜该单株自花亲和，中果型，果皮带刺，品质极优。

整株

茎蔓 正面花 刺座 花蕾 侧面花 大花苞 青果 成熟果 切果

粤果6号 Yueguo No.6

来源｜广东省农业科学院果树研究所从杂交群体中筛选出的优良单株。

主要性状｜茎蔓近三棱形，棱边波浪状。幼茎蔓浅绿色、顶端无刺毛，成熟茎蔓刺座周围木栓化、带刺毛，刺座间距4.7厘米左右；每个刺座含刺1～2条，钩状刺，刺短（≤2毫米）。初生花苞黄绿色带紫红色，花苞顶部尖；开花期外花被背轴面主色为紫红色，向轴面为紫红色，花瓣紫红色、边缘浅紫红色，花萼绿色、边缘紫红色，花萼无刺、末端圆钝；柱头淡黄色，裂条20～22条，裂条细、末端不分叉，柱头与花药平齐；花粉量少，花冠大。

果实椭圆形，果萼外张，萼片渐短、小、绿色，24～28片。果皮浅粉色，果肉颜色外粉内白，单果重341克，可溶性固形物含量15.5%。肉质清甜、多汁，具荔枝味。

综合评价｜该单株自花亲和，中大果型，品质优良，具荔枝味。

整株

茎蔓
正面花
刺座
花蕾
侧面花
大花苞
青果
成熟果
5 cm
切果
5 cm

粤果7号 Yueguo No.7

来源｜广东省农业科学院果树研究所从杂交群体中筛选出的优良单株。

主要性状｜茎蔓近三棱形，棱边波浪状。幼茎蔓浅绿色、顶端无刺毛，成熟茎蔓刺座周围木栓化，刺座间距3.6厘米左右；每个刺座含刺2～3条，针状刺，刺长2～3毫米。初生花苞黄绿色带紫红色，花苞顶部渐尖；开花期外花被背轴面主色为红棕色，向轴面为黄色、边缘红棕色，花瓣乳白色，花萼绿色、边缘紫红色、上部萼片渐变呈褐色，花萼无刺、末端渐尖；柱头黄绿色，裂条20～22条，裂条粗、末端不分叉，柱头高于花药；花粉量中等，花冠中等大。

果实近圆形，果萼外翻、19～23片，成熟时果皮绿色，果肉白色，果肉边缘粉红色，单果重410克，可溶性固形物含量13.7%～14.7%。肉质爽脆、水分足、清甜。

综合评价｜该单株自花亲和，大果型，果皮绿色、果肉白色，品质极优。

整株

茎蔓 正面花 刺座 花蕾 大花苞 青果 侧面花 成熟果 切果

粤果8号 Yueguo No.8

来源｜广东省农业科学院果树研究所从人工杂交群体中筛选出的优良单株。

主要性状｜茎蔓近三棱形，棱边波浪状。幼茎蔓红色程度弱、顶端无刺毛，成熟茎蔓刺座周围木栓化，刺座间距4.5厘米左右；每个刺座含刺3～4条，钩状刺，刺长3～4毫米。初生花苞黄绿色带紫红色，花苞顶部渐尖；开花期外花被背轴面主色为红棕色，向轴面为浅黄色、花被边缘红棕色，花瓣白色，花萼绿色、边缘浅红色，花萼无刺、末端尖；柱头淡黄绿色，裂条22～24条，裂条粗、末端不分叉，柱头高于花药；花粉量中等，花冠中等大。

果实圆球形，果萼外翻、20～22片。果皮浅粉色，果肉外粉色内白色，单果重345克，可溶性固形物含量14.8%。肉质软滑、浓甜，水分足，富含香气。

综合评价｜该单株自花亲和，中果型，果肉外粉色内白色，品质极优，富含香气。

整株

茎蔓
刺座
花蕾
大花苞
正面花
侧面花
成熟果
青果
切果
5 cm

粤果9号 Yueguo No.9

来源｜广东省农业科学院果树研究所从人工杂交群体中筛选出的优良单株。

主要性状｜茎蔓近三棱形，棱边平滑。幼茎蔓红色程度弱、顶端无刺毛，成熟茎蔓刺座周围木栓化，刺座间距5.5厘米左右；每个刺座含刺3～4条，钩状刺，刺长4～5毫米。初生花苞黄绿色带紫红色，花苞顶部渐尖；开花期外花被背轴面主色为紫红色，向轴面为紫红色、花被边缘紫红色，花瓣紫红色，花萼绿色、边缘紫红色，花萼无刺、末端尖；柱头淡黄色，裂条20～22条，裂条粗、末端不分叉，柱头与花药平齐；花粉量中等，花冠中等大。

果实近圆球形，果萼微张、25～27片。果皮浅红色，果肉外紫色中心粉红色，单果重300克，可溶性固形物含量16.1%。口感爽脆多汁，超甜，有香味。

综合评价｜该单株自花亲和，可溶性固形物含量高，品质优、有香味。

整株

茎蔓 刺座 花蕾 大花苞 正面花 侧面花 切果 青果 成熟果

粤果10号 Yueguo No.10

来源｜广东省农业科学院果树研究所从人工杂交群体中筛选出的优良单株。

主要性状｜茎蔓近三棱形，棱边波浪状。幼茎蔓红色程度弱、顶端无刺毛，成熟茎蔓刺座周围木栓化，刺座间距4.0厘米左右；针状刺，刺少（＜2条）且短（＜2毫米）。初生花苞黄绿色带紫红色，花苞顶部渐尖；开花期外花被背轴面主色为浅绿色，向轴面为浅黄色、花被边缘紫红色，花瓣白色，花萼绿色、边缘紫红色，花萼无刺、末端尖；柱头淡黄色，裂条22～24条，裂条粗、末端不分叉，柱头与花药平齐；花粉量中等，花冠中等大。

果实近圆球形，果萼外张、31～34片。果皮绿色，过熟时果皮发红，果肉紫红色，单果重289克，可溶性固形物含量16.4%。超甜，水分足。

综合评价｜该单株自花亲和，可溶性固形物含量高，品质优良。

整株

茎蔓
刺座
花蕾
大花苞
正面花
侧面花
青果
切果
5 cm